10 COSAS QUE DEBERÍAS SABER

EL ESPACIO

BECKY SMETHURST

Traducción de Gisela Baños

Shackleton
— b o o k s —

El Espacio. 10 cosas que deberías saber
Publicado originalmente por The Orion Publishing Group Ltd., Hachette UK
Limited. Carmelite House, 50 Victoria Embankment, London EC4Y0DZ.
Título original: *Space. 10 Things you Should Know*
© de esta edición, Shackleton Books, S. L., 2026
© del texto, Becky Smethurst
© de la traducción, Gisela Baños

Shackleton
—b o o k s—

(f) (y) (o) @Shackletonbooks
shackletonbooks.com

Realización editorial: Bonalletra Alcompas, S. L.
Diseño de cubierta: Ana Montero
Maquetación: reverté-aguilar

ISBN: 978-84-1361-737-4
Depósito legal: B 24457-2025
Impreso por Elcograf (Italia)

Contenido

Sobre la autora

La **doctora Becky Smethurst** es astrofísica e investigadora de la Universidad de Oxford. Su trabajo actual se centra en responder a la pregunta: ¿cómo evolucionan conjuntamente las galaxias y los agujeros negros?

En su canal de YouTube, llamado *Dr. Becky,* aborda cada semana misterios sin resolver, habla de los objetos más extraños que podemos encontrar en el universo y explica noticias relacionadas con el espacio. En la actualidad, cuenta con más de 806 000 suscriptores, y la cifra sigue aumentando. También colabora con vídeos en esta misma plataforma para el canal *Sixty Symbols* sobre física y para el de *Deep Sky Videos* sobre astronomía.

Fue finalista del Premio al Comunicador Revelación del Institute of Physics (IOP) y Premio del Público en la final nacional del Reino Unido del concurso Fame-Lab 2014.

Para ti, quien quiera que seas, por ser lo bastante curioso no solo para haber escogido este libro, sino también para leerlo. Ah, y para papá, por evitar que me convirtiera en contable.

Prefacio

Lo más maravilloso de la ciencia es que nadie conoce las respuestas correctas. Sin embargo, no es así como nos la enseñan en nuestra infancia. En el aula, las teorías se presentan como hechos firmes que siempre se han entendido de esa manera, aunque afortunadamente la realidad es mucho más creativa: ser científico es como tratar de encajar las piezas de un rompecabezas en constante cambio cuya tapa, que contiene la imagen completa, hemos perdido. Es el trabajo de muchísimas personas a lo largo de décadas, e incluso siglos, lo que va construyendo poco a poco la imagen de nuestro entendimiento actual. Mientras que en algunas áreas de la ciencia solo quedan pequeños huecos, en otras encontramos enormes vacíos que, por ahora, no podemos llenar con las matemáticas, los datos o las herramientas con las que contamos. De hecho, ni siquiera somos capaces de vislumbrar qué forma podrían tener las piezas que los llenarían.

La ciencia consiste, por tanto, en plantear preguntas cuyas respuestas todavía nadie conoce. Lo crucial es convencer a la gente de que existe una «respuesta correcta», una basada en las pruebas y los hechos que un científico, sus colegas y todos sus predecesores han reunido para construir una teoría sobre algo para lo que antes no había explicación. Esto significa que la ciencia avanza con rapidez, con teorías que maduran y, a veces, incluso regresan como un bumerán a medida que surgen nuevas evidencias.

No es mi pretensión llevar al lector a pensar equívocamente que las teorías y hechos que se exponen en este libro son las diez cosas que cualquiera debería saber sobre el espacio. Ya que hoy todas ellas se consideran logros, pero nadie puede asegurar cómo habrán evolucionado dentro de cincuenta años. Tal vez, para las generaciones futuras, nuestras teorías actuales sobre la materia oscura sean motivo de burla, del mismo modo en que hoy nos resulta increíble que muchas grandes mentes del pasado creyeran alguna vez que la Tierra estaba en el centro del universo o que el átomo no podía dividirse. Sin embargo, eso no significa que no debamos atesorar nuestro conocimiento actual y las maravillas que pone al descubierto de nuestro mundo.

Los capítulos que siguen abarcan los fundamentos de la evolución de algunas de las teorías más exitosas que describen extraños y fascinantes objetos del espacio, ya sea para quienes buscan nuevas miradas hacia las profundidades del cosmos o para quienes no tienen conocimientos previos de los secretos que encierra. Su lectura nos llevará a un recorrido por el universo que iniciaremos con sus orígenes en el *big bang* hasta la esquiva materia oscura, pasando por una reflexión sobre la posibilidad de que exista vida más allá de nuestro planeta. Si nos detenemos en los agujeros negros, es porque es allí donde yace mi verdadera pasión. Son mi particular rompecabezas científico, al que le dedico mi tiempo sentada en mi escritorio del Departamento de Astrofísica de la Universidad de Oxford para tratar de comprender cómo estos objetos enigmáticos afectan a las galaxias en las que se encuentran.

Nuestro viaje terminará planteándonos lo que aún no sabemos: la mayor pregunta de todas, esa que nunca podremos responder con total seguridad ni certeza. Aun así, como astrónoma, esta es la búsqueda más emocionante: expandir poco a poco los límites de nuestro conocimiento para desvelar una imagen más completa del universo y de nuestro lugar en él. Mi esperanza es que este libro ofrezca un destello que ilumine esta obra maestra todavía inconclusa.

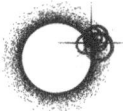

1. Por qué la gravedad importa

El Sol es solo una de entre más de cien mil millones de estrellas en nuestra galaxia. La Vía Láctea es una isla de gas, polvo y objetos astronómicos que se extiende a lo largo de más de un trillón de kilómetros. En el centro del sistema estelar que constituye la Vía Láctea se encuentra un agujero negro cuatro millones de veces más masivo que el Sol. Este tipo de agujeros negros reciben el nombre de «supermasivos» y, al igual que la estrella de nuestro sistema solar, ocupa el puesto central en el puente de mando gravitatorio de toda la galaxia.

Isaac Newton descubrió hace siglos la ley que rige la gravedad: dos objetos se atraen entre sí en proporción a la masa que tiene cada uno, de manera que el más pesado ejerce una fuerza mayor sobre el más ligero. Esta fuerza de atracción también depende de la distancia que los separa, es decir, si duplicamos esa distancia, la fuerza se reduce a una cuarta parte. Con esta ley podemos calcular el efecto de la gravedad entre cualquier par de objetos en el universo, incluyendo la atracción que existe entre nosotros y la Tierra bajo nuestros pies.[1]

La ley de la gravitación trae orden al caos, pues al fin y al cabo es la responsable de la formación de nuestro sistema solar. Antes de que naciera el Sol, solo había una inmensa nube de gas compuesta de hidrógeno y helio, salpicada con elementos más pesados, como oxígeno, carbono y hierro, que eran restos de una generación anterior de estrellas. Aquella nube era un torbellino desordenado de átomos, y dado que cada átomo es una diminuta partícula con cierta masa, todos se atraían gravitatoriamente entre sí. Con el tiempo, aquellas partículas comenzaron a agruparse bajo la acción de la gravedad, y luego los cúmulos más grandes atrajeron a los más

[1] Por si te lo preguntas, la gravedad de la Tierra ejerce sobre tu cuerpo una fuerza constante de unos 500 a 1000 newtons (según tu peso). Para ponerlo en contexto: la mordida promedio de un ser humano alcanza unos 700 newtons, mientras que la de un gran tiburón blanco llega a los 18 000.

pequeños, hasta que al final esa atracción logró imponerse sobre la energía de todas las partículas que se movían a gran velocidad por todas partes y acabó atrapándolas y enfriándolas en el proceso. El siguiente paso fue el colapso de la nube de gas, que alcanzó una densidad tan alta que la presión se elevó hasta el punto de generar suficiente calor como para iniciar reacciones de fusión nuclear, y así nació nuestra estrella.

La fusión nuclear es el proceso por el cual las estrellas, como el Sol, transforman cuatro átomos de hidrógeno en uno de helio, y es la razón por la que brillan en el cielo nocturno. Así que, aquello que una vez fue solo un remolino de gas formado por átomos en movimiento, se convirtió en una protoestrella incandescente gracias a la gravedad.

Esa nube de gas en constante rotación conservó además un vestigio del pasado: heredó parte de la energía rotacional sobrante (lo que se conoce como «momento angular») de una generación anterior de estrellas, quizá incluso de las primeras que se formaron tras la creación del universo. Esto significa que, en conjunto, la nube giraba en una dirección determinada, de modo que a medida que las partículas comenzaron a agruparse bajo la acción de la gravedad adoptaron esa misma orientación que también conservó el proto-Sol que se estaba formando.

Lo que sucedió con el resto de aquella nube de gas que rodeaba al joven Sol es similar a lo que ocurre con una bola de masa para *pizza* cuando se hace girar en el aire por encima de la cabeza, esto es, que se aplana en forma de plato o disco y sigue girando. Dentro de ese disco, la atracción gravitatoria entre las partículas continuó, de manera que cúmulos cada vez más grandes de materia se fueron uniendo para formar protoplanetas alrededor de la masa central, dando lugar a un sistema maravillosamente ordenado en el que los planetas ya formados (junto con algunos cometas, asteroides y otros fragmentos de roca) orbitaban todos en la misma dirección. Este es el proceso mediante el cual pensamos que se han formado todas las estrellas, no solo nuestro Sol.

En nuestro propio sistema Tierra-Luna podemos observar exactamente lo mismo. La Tierra gira en la misma dirección en la que orbita porque las diminutas partículas que se agruparon para formarla heredaron esa huella de momento angular de la generación anterior de estrellas.

De manera similar, la Luna orbita alrededor de la Tierra en la misma dirección en que esta gira.

Ahí terminan las similitudes, porque el resto de características de la Luna son bastante extrañas. Por ejemplo, su día dura lo mismo que su año. Esto es, el tiempo que tarda en girar sobre su propio eje, su día, es igual al tiempo que tarda en orbitar la Tierra, su año, es decir, veintiocho días terrestres. Si la Tierra siguiera este patrón a lo largo de su órbita alrededor del Sol, en la mitad del planeta sería siempre de día y, en la otra mitad, siempre de noche. Tendría que estar girando a la misma velocidad todo el tiempo para que un lado se mantuviera invariablemente alejado de nuestra estrella. Este fenómeno explica por qué solo vemos una cara de la Luna: jamás podremos observar su lado oculto porque nunca apunta hacia nosotros. Sin embargo, eso no significa que en este caso el lado oculto sea también el lado oscuro, ya que, en lo que a la Luna se refiere, no es la Tierra la que la ilumina, sino el Sol. Por eso podemos apreciar diferentes fases: observamos la luna llena cuando se encuentra en el lado opuesto del cielo respecto al Sol y se ilumina completamente la cara que nos mira; y vemos la luna nueva cuando nuestro satélite se encuentra entre nosotros y el Sol, de modo que la cara que se ilumina es la que apunta en sentido contrario a nosotros.

Si lo que te estás preguntando ahora es por qué no tenemos un eclipse solar total cada veintiocho días, considerando que la Luna pasa entre el Sol y la Tierra en todas sus órbitas, la razón es que no orbitan en el mismo plano alrededor del Sol, sino que sus órbitas están ligeramente inclinadas unos 5° la una respecto a la otra. Eso hace que a veces la Luna pase justo por debajo y otras justo por encima del Sol durante su fase de luna nueva, evitando que se produzca un eclipse.

Aunque todas estas características del sistema Tierra-Luna podrían parecer casuales, nos ayudan a entender cómo se formó nuestro satélite. Se podría pensar que se creó alrededor de la Tierra en circunstancias similares a las de nuestro planeta alrededor del Sol, es decir, a partir de los restos que no se quedaron incorporados a él. Sin embargo, nuestra mejor teoría al respecto es mucho más dramática, se llama «hipótesis del gran impacto» y sostiene que uno de los protoplanetas que orbitaban el Sol colisionó con la proto-Tierra en la época de formación del sistema solar. Este impacto vaporizó, por un lado, aquel planeta que colisionó y, por otro, aproximadamente la mitad de la Tierra, debido a la enorme energía que se liberó. Todo este material rocoso destruido fue expulsado al espacio mientras nuestro planeta se recuperaba y seguía girando, pero al no poder escapar del todo de la gravedad terrestre, fue formando un disco giratorio de materia a su alrededor que más tarde colapsó sobre sí mismo para formar la Luna.

Esta teoría explica por qué el eje alrededor del cual gira la Tierra está inclinado. En esa colisión, nuestro planeta recibió un golpe lateral que hizo que se torciera ligeramente unos 21°, como un adorable perrete que ladea la cabeza. Esto se traduce en que, a lo largo del año, durante el verano del hemisferio sur terrestre, el polo sur apunta hacia el Sol, y seis meses después lo hace el polo norte, dando lugar a las estaciones. Así que, si hace más calor en verano, es porque nuestro hemisferio se encuentra orientado hacia el Sol debido a la inclinación del eje de la Tierra.

¿No es increíble la cantidad de orden y armonía que puede generar una sola ley física a partir de tanto caos? La misma ley que provoca que las manzanas caigan de los árboles, que nuestros pies se mantengan pegados al suelo y que da lugar a que existan las estaciones en nuestro planeta, también afecta a todo lo que ocurre tanto en nuestro sistema solar como en la galaxia. Y no solo vemos sus efectos en nuestro vecindario estelar. Más allá de la Vía Láctea, existen muchas «islas de estrellas», de todas las formas y tamaños, miremos donde miremos, en todas las direcciones del universo. La gravedad es la responsable de su formación a partir de enormes nubes caóticas de partículas de hidrógeno, que crean todos esos sistemas ordenados con hermosas estructuras espirales.

Sin embargo, aunque estas bellas islas de estrellas existen debido a la gravedad, esa misma fuerza también puede destruirlas. La mayoría de las galaxias no se encuentran aisladas, sino que forman cúmulos unidos por esa misma atracción gravitatoria. Nuestra Vía Láctea, junto con Andrómeda, forma parte de un cúmulo conocido como Grupo Local. Son las dos más grandes que podemos encontrar en él y, por lo tanto, se atraen entre sí. Esto significa que dentro de unos cuatro mil millones de años colisionarán, y las fuerzas gravitatorias entre ambas las acabarán desgarrando, pues se alterarán las órbitas de todas las estrellas que las forman, hasta que todo se reorganice de nuevo en un enorme remanente galáctico: Milkómeda.

He aquí un ejemplo de otra ley de la física, la segunda ley de la termodinámica, que establece que la entropía de un sistema nunca puede disminuir con el tiempo. La entropía es una medida del desorden de un sistema: se refiere a cuán aleatoriamente se mueven las partículas dentro de él. Por lo tanto, el universo en su conjunto está destinado a volverse cada vez más desordenado a medida que envejece. Dentro de cuatro o cinco mil millones de años, nuestro Sol se quedará sin combustible y engullirá el sistema solar, reduciendo todo lo que contiene a otra caótica nube gaseosa. Las estrellas de nuestra galaxia, la Vía Láctea, acabarán en órbitas caóticas y aleatorias alrededor del centro del remanente galáctico que será Milkómeda. Tal vez sea ese el destino de toda la materia en el universo. Aunque las leyes de la física sean las que crean el orden que vemos, también serán las responsables de que ese orden vuelva a sumirse en el caos de manera inevitable.

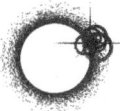

2. En el principio no había nada

El cerebro humano no puede comprender realmente lo que significa «la nada». Simplemente con pensar en ella ya la estamos convirtiendo en algo. Por eso, cuando decimos que no había absolutamente nada «antes» del *big bang*, nos resulta difícil entender lo que implica. El concepto de un «antes» tampoco existe sin el *big bang*, ya que fue entonces cuando se creó el mismísimo tiempo. Incluso el propio espacio tampoco existía «antes» de ese momento, por lo que no había «ningún lugar» donde pudiera encontrarse esa «nada». Toda la energía y la materia del universo se produjeron entonces, y nosotros, como seres humanos, no somos más que una parte infinitesimal de ese presupuesto energético. Según la primera ley de la termodinámica, la energía no se crea ni se destruye, así que, en realidad, solo contamos con la que esa gran explosión nos proporcionó: no existe ningún árbol mítico de la energía en el jardín galáctico al que podamos acudir cuando tenemos necesidad de ella.

El relato de cómo sabemos que el *big bang* tuvo lugar es quizá uno de mis favoritos en la historia de la astronomía. De la noche a la mañana, el límite de todo el universo conocido pasó de encontrarse en la estrella más lejana que conocíamos, a unos cien mil años luz de distancia, a contener islas enteras de miles de millones de estrellas a billones de años luz de distancia. Me habría encantado vivir en esa época: un tiempo en el que la visión que la humanidad tenía del mundo cambió a nivel colectivo. Sucedió algo semejante a cuando los exploradores europeos, hace quinientos años, divisaron las costas de América desde la proa de sus barcos y el mundo que habían conocido hasta entonces se expandió de golpe, solo que en el universo lo hizo a la escala más grande que uno pueda imaginar. Una escala que, incluso hoy, nuestro cerebro tiene dificultades para comprender.

En cualquier caso, lo primero que debemos aclarar es que ese momento inicial no fue ni grande ni consistió en una explosión. El nombre se acuñó en la década de 1930 como una burla hacia la hipótesis emergente de un universo en expansión, y, desde entonces, esta denominación ha supuesto un continuo dolor de cabeza para los astrónomos.

El gran avance se lo debemos al trabajo, en 1929, de un hombre llamado Edwin Hubble[2] (quien se basó, a su vez, en las investigaciones realizadas por Shapley, Curtis y Öpik a inicios de esa década). Probablemente, él nunca esperó hacer nada semejante, sobre todo después de haber estudiado Derecho y haberse dedicado, principalmente, a los deportes en su juventud. Sin embargo, su pasión por la astronomía lo llevó a aceptar un puesto en un observatorio de California, donde pudo observar lo que entonces se denominaban «nebulosas espirales».

En esa época, una nebulosa era cualquier cosa en el cielo que no fuera una estrella. Eran un tipo de objetos difusos y polvorientos entre los que

---

[2] Lemaître ya había predicho teóricamente el *big bang* dos años antes en una revista francesa, pero su predicción cayó en el olvido durante gran parte del siglo xx. Hoy existe un gran movimiento para que su trabajo se reconozca como se merece.

se incluían tanto regiones de formación estelar dentro de nuestra galaxia como remanentes de estrellas que habían explotado en supernovas,[3] y también otras galaxias compuestas por miles de millones de estrellas, aunque entonces no se sabía que lo eran. Hubble intentaba calcular la distancia a la que se encontraban estas «nebulosas espirales» usando estrellas variables pulsantes, es decir, aquellas cuyo brillo cambiaba de forma regular. Este tipo de estrellas se conocen como cefeidas y fue Henrietta Leavitt quien, a principios del siglo XX, había realizado un estudio pormenorizado de estos objetos en la Vía Láctea.[4] Descubrió que el periodo con el que cambia la luminosidad de estas

---

[3] Este fenómeno ocurre cuando una estrella se queda sin combustible (gas de hidrógeno) para continuar con las reacciones de fusión y comienza a colapsar hacia dentro bajo la acción de la gravedad. Entonces las capas externas de gas rebotan contra el núcleo de la estrella en una enorme explosión hacia el exterior.

[4] Por desgracia, Leavitt no vivió para ver cómo Hubble utilizaba su trabajo para demostrar que el universo se estaba expandiendo ni tampoco recibió mientras vivía el merecido reconocimiento por ello. Hoy en día, todas las distancias medidas en el universo están calibradas, esencialmente, a partir de las distancias calculadas con las curvas de luminosidad de las cefeidas. La escala del universo descansa, literalmente, sobre los hombros de Leavitt.

estrellas está relacionado con su brillo intrínseco, lo que hoy conocemos como ley de Leavitt. Cuanto más largo es ese periodo, con mayor intensidad brilla.

Cuando Hubble observaba este tipo de estrellas en las «nebulosas espirales», estaba midiendo precisamente esa relación; así, a partir del brillo que veía desde la Tierra podía calcular la distancia a la que se encontraban. Es lo mismo que hacemos nosotros al cruzar una calle de noche: según lo intensos que parezcan los faros de un coche, estimamos a qué distancia está el vehículo.

Partiendo de esta propiedad Hubble descubrió que las cefeidas que se hallaban en dichas nebulosas estaban más lejos de lo que nadie habría imaginado, lo que significaba que eran tan grandes como la propia Vía Láctea. Lo que había observado, en realidad, eran galaxias. Nunca antes un resultado había causado tanto impacto en la historia de la astronomía. De pronto, se había abierto el camino a innumerables nuevos campos de investigación, lo que cambió nuestra visión del lugar que ocupamos en el universo.

En cualquier caso, Hubble no se detuvo ahí. También logró obtener lo que se conoce como un «espectro» de cada galaxia, que consiste en descomponer la luz que nos llega mediante un prisma y observar las huellas que los distintos elementos que hay allí dejan en el arcoíris de colores resultante. Si en estos momentos estás imaginando la portada del álbum *The Dark Side of the Moon,* de Pink Floyd, vas por el buen camino. Esas marcas que dejan los distintos elementos son una especie de huella dactilar cuántica: siempre aparecen en el mismo color (es decir, en la misma longitud de onda) de la luz, sin importar nada más. Lo que Hubble observó fue que las longitudes de onda de todas estas señales estaban desplazadas hacia colores más rojos, lo que significaba que se estaban alejando de la Tierra. Y no solo eso: cuanto más lejos se encontraba la galaxia que estaba observando, más rápido se alejaba de su vista.

Era lógico pensar que, si todo se aleja de nosotros, en algún momento todo debió de estar mucho más cerca. Y, si siguiéramos retrocediendo en el tiempo, acabaríamos encontrando, por tanto, que toda la materia y la energía del universo estuvieron condensadas una vez en un solo punto. Así nació la idea del *big bang.*

Este concepto de un universo en expansión resulta confuso para la mayoría. Para empezar, nos da a los habitantes de la Tierra una falsa sensación de importancia. Si todo lo que existe en el universo se está alejando de nosotros… ¿debemos entonces asumir que ocupamos un lugar central y de gran relevancia en él? Pues no. Todo es cuestión de perspectiva.

Imagina el juego del cordel, que consiste en hacer figuras con una goma elástica o un cordel entre los dedos. Se trata de enrollar la goma alrededor de ambas manos y luego separarlas para poder realizar todo tipo de trucos o figuras con los dedos. Si miraras hacia abajo, verías que, al separar las manos, ambos extremos del cordel se mueven hacia fuera. Ahora imagina esto mismo desde la perspectiva de un diminuto observador sentado en tu mano izquierda: él vería que la mano derecha se aleja de él, sin embargo no sentiría que él también se está moviendo, de la misma forma en que nosotros no sentimos que la Tierra bajo nuestros pies se mueve alrededor del Sol o gira sobre su eje. En el caso contrario, un pequeño observador que estuviera en la mano derecha solo vería que la mano izquierda se aleja de él.

Esta analogía funciona igual de bien si consideramos que durante el proceso de separación no se ha creado nada nuevo. Esto es, en el juego no varía la «cantidad» de cordel o goma, solo cambia que esta se estira. De manera similar, en nuestro universo no son las galaxias las que se están moviendo, sino que es el propio espacio el que se expande. Y aquí radica lo importante: no se está creando más espacio durante esa expansión, sigue habiendo el mismo que nos dio el *big bang* hace 13 800 millones de años.

Bueno, no nos quedemos en el pasado. Resulta mucho más emocionante pensar en qué ocurrirá en el futuro, aunque, por desgracia, el universo no vaya a tener un final como los de Hollywood. La primera opción es que siga expandiéndose de forma acelerada hasta que las distancias entre estrellas y galaxias sean tan grandes que quedemos aislados en la inmensidad del cosmos. La segunda es más aceptable: la expansión se desaceleraría hasta que el universo alcanzara un feliz punto medio, es decir, un equilibrio entre la fuerza de la gravedad, que tiraría hacia dentro sin cesar, y la inexorable fuerza expansiva, que empujaría hacia fuera. La tercera opción se encuentra en el extremo de la tragedia shakespeariana, en este caso la gravedad ganaría la guerra contra la expansión, y el universo comenzaría a contraerse en un «gran colapso» (*big crunch*) hasta que toda la energía que alguna vez existió se concentrara de nuevo en un solo punto. Es posible, incluso, que el universo haya estado comportándose así todo el tiempo, alternando *big bangs* y *big crunches*, con el ocasional subproducto de carbono generado en supernovas que, de vez en cuando produce vida lo suficientemente inteligente como para contemplar este ciclo interminable.

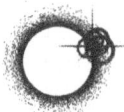

3. Una breve historia de los agujeros negros

Un agujero negro es un objeto tan denso que ni la luz puede escapar de él. Esto significa que la velocidad necesaria para liberarse de la atracción gravitatoria que ejerce sería mayor que la de la propia luz.

Para entender esto bien, debemos definir la gravedad de un modo algo distinto al que propuso Newton, y eso es lo que hizo la teoría de la relatividad general de Albert Einstein. El físico alemán decía que cualquier objeto del universo, allá donde se encuentre, curva el espacio-tiempo[5] que tiene

---

[5] El espacio-tiempo es un concepto habitual en el vocabulario de los físicos. Une las tres dimensiones del espacio (izquierda y derecha, adelante y atrás, arriba y abajo) con una dimensión temporal. Einstein las unió porque también se dio cuenta de que cuanto más rápido es el movimiento a través del espacio, más se

alrededor. Este efecto se puede entender con mucha facilidad en dos dimensiones imaginando que colocamos un balón de fútbol en el centro de un trampolín. Al estar en el medio, el balón hunde el tejido elástico y lo curva de manera que deja de estar plano. Si entonces intentamos hacer rodar sobre el trampolín algo como una pelota de ping-pong, veremos que esta no seguirá una línea recta, sino que su trayectoria se desviará debido a la presencia del balón. Así explicó Einstein la gravedad, solo que en lugar de balones de fútbol se trataba de estrellas; el trampolín sería el espacio mismo, y, las pelotas de ping-pong, los planetas, que quedarían atrapados girando en órbitas elípticas alrededor de sus estrellas por esa acción de la curvatura del espacio.

Ahora imaginemos un agujero negro que es capaz de deformar tanto el espacio que, al menos en dos dimensiones, llega un punto en que este se vuelve vertical del todo: eso es lo que se denomina «horizonte de sucesos», un punto de no retorno. Es decir, una frontera imaginaria de la que

---

ralentiza el tiempo. Es lo que plantea su teoría de la relatividad especial, que es distinta de la relatividad general.

ningún objeto que cruzara este límite —ya fuera una nave espacial, una pelota de ping-pong o un diminuto fotón de luz— podría escapar y volver al trampolín del universo.

La palabra oficial en relatividad general para esta deformación extrema del espacio es «singularidad», un lugar en el que una enorme cantidad de masa se concentra en un área infinitamente pequeña. La mera idea de la existencia de estas singularidades infinitas exasperó a los físicos durante los primeros años del siglo xx, porque conducían a una catástrofe matemática: aparecía una división entre 0, lo que implica que el límite no existe.[6] Stephen Hawking y Roger Penrose sugirieron en la década de 1960, y más tarde también afirmaron que las singularidades eran, en realidad, una consecuencia de leyes conocidas de la física, a pesar de nuestras dificultades para entender las matemáticas subyacentes.

En aquel momento, sin embargo, los agujeros negros todavía se consideraban objetos teóricos.

---

[6] Esto es lo que el personaje de Lindsay Lohan en la película *Chicas malas* (2004) identifica correctamente como la respuesta a la pregunta al final de la competición de matemáticas.

No se demostró su existencia hasta que Jocelyn Bell Burnell descubrió las estrellas de neutrones a finales de esa misma década (en forma de objetos, llamados púlsares, que giran con rapidez y que emiten ondas de radio). Antes de esto, los astrónomos solo sabían que existía un límite físico de masa más allá del cual una enana blanca (sostenida por las fuerzas de repulsión entre electrones) colapsaría en una estrella de neutrones totalmente teórica (sostenida por las fuerzas de repulsión entre estas otras partículas), sin embargo, hasta que se descubrieron, nadie se había planteado su existencia como una posibilidad real. En consecuencia, si las estrellas de neutrones existían, ¿qué ocurriría cuando estas también alcanzaran su límite físico de masa y colapsaran aún más? La única conclusión lógica era que se convirtieran en agujeros negros.

Los agujeros negros, sin lugar a dudas, existen; la pregunta es ¿de qué están hechos? La respuesta corta es que aún no lo sabemos con certeza. Una estrella de neutrones, como su propio nombre indica, está formada por neutrones densamente empaquetados formando una estructura similar a un cristal, ahora bien ¿qué ocurre cuando se sobrepasa la magnitud de las fuerzas que evitan que acaben aplastados? La respuesta más simple es que se trata de materia en su forma más densa, aunque todavía no sepamos con exactitud qué quiere decir eso.

Sin embargo, ¿cómo sabemos que los agujeros negros existen si una vez formados ya no podemos detectarlos porque no emiten luz? Pues de la misma manera en que no vemos el viento pero sí los efectos que produce a su alrededor, como el movimiento de las hojas de los árboles. Y sabemos que es así porque es posible contemplar en ocasiones el efecto gravitacional de los agujeros negros sobre otros objetos. Hemos estudiado, por ejemplo, cómo se desvía la luz de algunas galaxias alrededor de agujeros negros de masa estelar que se encuentran delante de ellas. El intenso campo gravitatorio que producen curva la luz de los objetos lejanos de una forma diferente, debido a la manera en que la radiación viaja a través del espacio-tiempo curvado de Einstein. No es posible «ver» directamente el objeto que provoca esa desviación, aunque sí sabemos que está allí.

Otra manera de «ver» agujeros negros es a través de las ondas que se propagan por el espacio.

Dado que estos objetos tan masivos deforman tanto el espacio-tiempo, si dos de ellos se encuentran y comienzan a orbitar uno en torno al otro, la zona de alrededor se comporta de forma algo agitada. La curvatura va cambiando con el movimiento, y ese cambio provoca ondas «gravitacionales» a través del espacio. Además, cuando por fin tiene lugar la fusión, se produce un gran estallido de ondas gravitacionales antes de que el entorno vuelva a estabilizarse. Al propagarse, este tipo de ondas aplasta y estira físicamente el espacio en cantidades minúsculas.

Podemos detectar ese aplastamiento y estiramiento gracias a los dos detectores extremadamente sensibles con los que contamos: LIGO, en Estados Unidos, y VIRGO, en Italia. Cada uno está compuesto por dos espejos situados bajo tierra y separados por kilómetros. Su funcionamiento es el siguiente: un láser rebota entre ambos espejos para medir la distancia que los separa con una precisión increíble, de manera que si el espacio entre ambos varía por el paso de una onda gravitacional, es posible medirlo. No obstante, solo podemos estar seguros de que lo que detectamos es una onda gravitacional proveniente del espacio si ambos detectores, situados en lados opuestos del planeta, la registran al mismo tiempo.

Ahora bien, aunque el tema de los agujeros negros es lo que de verdad me apasiona, los que yo estudio no son los «corrientes», sino los supermasivos, aquellos que se encuentran en el centro de las galaxias, y mi interés es averiguar qué efecto ejercen sobre ellas. Este tipo de agujeros negros tienen entre un millón y mil millones de veces la masa del Sol, y son distintos de los de masa estelar (los que tienen una masa similar a la de las estrellas y que se forman cuando una explota en una supernova al final de su vida). No deja de asombrarme el hecho de que nosotros, como seres humanos, como fragmentos relativamente pequeños del presupuesto energético del *big bang*, podamos siquiera aspirar a entender y estudiar algunos de los objetos más energéticos de todo el universo.

¿Cómo hemos sido capaces de detectar estos agujeros negros supermasivos en los centros de las galaxias? Una de las pruebas más directas se obtiene al estudiar los movimientos que han efectuado durante décadas las estrellas situadas en el centro de la Vía Láctea. Primero, se analiza cómo orbitan por determinada región a gran velocidad y, luego, se usan los datos de esas órbitas para calcular la masa del objeto alrededor del cual se mueven. Usando estos métodos, hemos descubierto que, en el centro de nuestra galaxia, en una región que podría caber dentro de la órbita de Mercurio, hay una masa equivalente a cuatro millones de veces la del Sol. Algo tan pequeño y a la vez tan masivo solo puede significar que ese objeto es un agujero negro.

Es curioso que en la década de los ochenta hubiera bastante controversia sobre si en los centros de las galaxias había un único agujero negro inmenso o un enjambre de agujeros negros más pequeños. Aunque lo segundo habría sido mucho más interesante, lo cierto es que no hay lugar suficiente en los centros galácticos para que un enjambre así sea estable. Habría colisiones e interacciones constantes que desestabilizarían enseguida el sistema, expulsando algunos agujeros negros hacia fuera, como por efecto de una honda, haciendo que los demás chocaran entre sí en el centro y creando así un único objeto masivo.

La evidencia de que también existían agujeros negros supermasivos en otras galaxias aparte de la nuestra fue, no obstante, y hasta hace muy poco, menos directa. Solo hemos podido inferir su existencia a partir de observaciones de centros galácticos que se encuentran a miles de millones de años luz de distancia. Cuando dirigimos nuestros instrumentos hacia ellas, vemos radiación de muy alta energía proveniente de esa zona: gran cantidad de rayos X, ondas de radio…, algo que solo ocurre cuando la fuente de esa energía es increíblemente intensa. Sabemos que este tipo de radiación puede producirse cuando un objeto compacto muy masivo atrae hidrógeno hacia sí: la fricción causada por la velocidad con la que el gas cae en forma de espiral hacia él es tan grande que provoca que brille en el rango de los rayos X y las ondas de radio.

Tras décadas estudiando este tipo de radiación, los astrofísicos concluyeron que los únicos objetos que poseían suficiente energía para producirla eran los agujeros negros supermasivos. El Telescopio del Horizonte de Sucesos, que en realidad son varios instrumentos trabajando en conjunto, confirmó esta teoría en abril de 2019, cuando se reveló la primera imagen del disco de acreción (la materia que gira alrededor) del agujero negro supermasivo que se encuentra en el centro de la galaxia M87. Esta imagen mostró algo muy importante: el punto a partir del cual ya no se detecta más luz procedente de esa nube de gas giratoria, esto es, el horizonte de sucesos. Esto proporcionó la evidencia más sólida hasta la fecha de que los agujeros negros existen y de que se comportan exactamente de la manera que predice la relatividad general.

Además de esta radiación que emite el disco de acreción, la presión que se produce alrededor de un agujero negro cuando este acumula masa con demasiada rapidez, implica, a veces, que expulse chorros de gas de miles de años luz de longitud, chorros que también emiten ondas de radio como forma de «alivio». Pensamos que esta energía que expulsa, cuando se vuelve demasiado voraz, puede afectar a la galaxia en la que se encuentra. Tengamos en cuenta que, para que una galaxia continúe cambiando y evolucionando requiere que se sigan formando nuevas estrellas en su seno, y, para eso, necesita hidrógeno que se vaya enfriando y que se agrupe bajo la acción de la gravedad hasta alcanzar un punto en que sea lo bastante denso como para iniciar el proceso de fusión nuclear. Según la mejor teoría con la que contamos en la actualidad, la energía expulsada por el disco de acreción de un agujero negro supermasivo evita que las galaxias masivas crezcan demasiado, ya que calienta o expulsa parte del hidrógeno que se encuentra en ellas. Sin embargo, hasta la fecha no hemos detectado que este fenómeno sea habitual en una muestra lo suficientemente grande de galaxias, así que es una cuestión que sigo investigando en mi trabajo diario.

Para poner esto en perspectiva, en el caso de M87, la galaxia en sí mide cientos de miles de años luz de diámetro, si bien el enorme chorro de emisión de radio que expulsa el agujero negro supermasivo de su centrosupera los diez millones de años luz de longitud. Esto es, si M87 tuviera el tamaño de un grano de arena, el agujero negro supermasivo de su centro tendría las dimensiones de un átomo y los chorros que emite se extenderían a lo largo de toda la palma de tu mano. Ese dato siempre me recuerda estos versos de William Blake:

> *el ver un mundo en un grano de arena*
> *y un cielo en la florecilla del campo*
> *sostener lo infinito en la palma de la mano*
> *y poseer lo eterno en una hoja apenas*[7]

---

[7] Blake, W., y Baskin, L., (1968). *Auguries of innocence*. [Blake, W., *Augurios de inocencia*. Trad. Fernando Castanedo, Madrid: Cátedra, 2020.]

Dudo que Blake tuviera en mente la galaxia M87 cuando escribió su poema, sobre todo considerando que era 1863 y entonces nadie sabía que en los cielos existían miles de millones de galaxias. Y mucho menos, que cada una albergaba un agujero negro supermasivo en su centro, el cual expulsaba, posiblemente, chorros de ondas de radio de una extensión tan inconmensurable que resulta difícil comprenderlos. Aun así, es en lo primero que pienso cada vez que escucho estos versos.

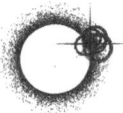

4. Solo porque no lo hayas visto, no significa que no exista

Todo lo que podemos observar a nuestro alrededor en este momento, incluso este libro que tienes en tus manos, está formado de materia ordinaria. Es decir, está compuesto de bariones: protones, electrones y neutrones. Este tipo de materia interacciona de distintas maneras con la luz: o bien la produce o la refleja o la absorbe. Es la forma en que podemos detectar que algo está ahí, ya sea por la presencia o por la ausencia de luz. Cuando miramos hacia la inmensidad del cosmos, todo lo que podemos ver también está compuesto de materia ordinaria, desde las estrellas hasta el polvo interestelar y los agujeros negros; sin embargo, esta solo constituye el 15 % de toda la materia que hay en el universo. Ni siquiera sabemos de qué está compuesto el 85 % restante. Es un pensamiento sobrecogedor.

Al resto de la materia, la que no interactúa con la luz, la llamamos «materia oscura», ya que como ni la emite ni la refleja ni la absorbe, no tenemos forma de «verla». A diferencia de un agujero negro aislado, que atrapa la luz que traspasa su horizonte de sucesos (tal vez podríamos clasificar eso como «absorber» luz), la materia oscura impregna todo el universo. Se estima, incluso, que en el sistema solar hay, de manera aproximada, el equivalente a dos protones de este tipo de materia por cada cucharadita de espacio, y, sin embargo, no tenemos forma de interactuar con ella.

Entonces, ¿cómo sabemos siquiera que existe? Pues porque al igual que los agujeros negros —aunque la luz no sea una opción para detectarla—, la materia oscura sí interactúa con la gravedad y, por lo tanto, curva el espacio de la misma manera que lo haría la materia ordinaria. En el último medio siglo ha habido un par de resultados que han indicado que tiene que estar ahí por fuerza.

La primera prueba se obtuvo a partir de la medida de las velocidades de rotación de las estrellas en las galaxias. Es lo que investigaba en la década de 1970 Vera Rubin, pionera en el estudio de la materia oscura. No está nada mal convertirse en la primera persona en encontrar evidencia de algo que constituye el 85 % de toda la materia del universo. Irónicamente, Vera buscaba un proyecto en el que pudiera trabajar sin que nadie la molestara y que le evitara quebraderos de cabeza (los resultados de su tesis doctoral habían causado cierta controversia entre los astrofísicos de la época, a pesar de que más tarde se demostró que eran correctos, y no le apetecía repetir la experiencia),[8] así que pensó que medir las velocidades a las que las estrellas se movían alrededor de los centros de las galaxias a diferentes distancias sería una apuesta segura.

Las leyes de la gravedad nos dicen que, dado que tiende a haber una concentración mayor de estrellas en los centros galácticos, la velocidad a la que estas orbitan alrededor de ese centro debería disminuir a medida que nos alejamos de él.

---

[8] Rubin había examinado con anterioridad la velocidad de expansión del universo y descubrió que parecía variar en función de la dirección en que mirara. Esto fue algo controvertido en su momento, y al final se comprobó que era cierto a nivel local, aunque no a nivel global. Algo así como que los árboles impedían ver el bosque.

Es lo que sucede con los planetas de nuestro sistema solar: los más cercanos al Sol orbitan mucho más rápido que los más lejanos. Esto se debe a que más del 99,8 % de la masa está concentrada en el centro, en nuestra estrella. La pregunta que Vera intentaba responder era si ocurría lo mismo a una escala mucho mayor con las estrellas que se encontraban orbitando las galaxias. Así que necesitaba medir su velocidad. Esto podría parecer bastante complicado, pero en realidad es un concepto de física bastante sencillo.

La luz es una onda —excepto cuando es una partícula… podríamos decir que la luz tiene un pequeño trastorno de la personalidad—, al igual que el sonido. El mismo fenómeno que provoca que la sirena de una ambulancia suene más aguda cuando se acerca (se comprime la onda) y más grave cuando se aleja (se estira la onda) también afecta a la luz. Se llama efecto Doppler, pero, en lugar de un cambio de tono, cuando se comprime o estira una onda lumínica lo que cambia es el color. Las ondas de luz más estiradas se ven más rojizas y, las más comprimidas, más azuladas. Cuando observamos una galaxia que gira en espiral, algunas de las estrellas se moverán hacia nosotros y otras se alejarán, así que veremos un desplazamiento Doppler diferente en un lado de la galaxia y en otro. Ese desplazamiento es lo que nos indica cómo de rápido se mueven esas estrellas.

Comenzando con la galaxia Andrómeda, Vera descubrió que las estrellas no giraban a velocidades más bajas en los bordes de las galaxias, como hubiera sido lo esperado. De hecho, la velocidad se mantenía relativamente constante desde el centro hasta la periferia. Era algo muy extraño, sin duda; lo que este hallazgo sugería era que la mayor parte de la masa de las galaxias no se encontraba en el centro, sino en los bordes. Sin embargo, lo que observamos es que la mayor concentración de estrellas está en el mismo centro y esto implica que debe haber una enorme cantidad de materia que no podemos ver rodeando la galaxia, algo que llamamos «halo de materia oscura».

La segunda evidencia de la existencia de la materia oscura se obtuvo al comparar la cantidad de masa estimada que había en las galaxias —según los efectos gravitatorios que se podían medir— con la cantidad que era posible detectar solo a partir de las estrellas que veíamos. Como ya explicó Einstein, los objetos masivos curvan el espacio-tiempo por el que viaja la luz y la desvían. Esto, que puede parecer un concepto extraño, es justo lo que hacen las lentes. Unas gafas o lentillas desvían la luz para que los objetos, ya sea situados a cierta distancia o más cercanos, se enfoquen correctamente en el ojo. Los cúmulos masivos de galaxias pueden ejercer precisamente el mismo efecto sobre las galaxias que se encuentran detrás: la trayectoria de la luz que emiten se curva alrededor del cúmulo en su camino hacia nosotros. Si la alineación es la correcta, se puede conseguir incluso que la galaxia de fondo forme un anillo de luz alrededor de la galaxia que se encuentra en primer plano. En astrofísica, llamamos a esto un «anillo de Einstein» (puedes recrear un anillo de luz similar con una copa de vino y la llama de una vela en una noche romántica). La medida en que la luz se curva formando un anillo nos indica cuánta materia hay en la galaxia que actúa como lente. Una vez más, descubrimos que, al observar estas lentes galácticas, se evidencia que hay más materia de la que podemos detectar cuando solo tenemos en cuenta las estrellas que vemos.

Durante las últimas décadas ha habido mucho debate en la comunidad científica sobre si podríamos explicar dónde se encuentra toda esta materia que falta tanto en estrellas muy débiles como en estrellas de neutrones y agujeros negros. A este tipo de objetos los llamamos MACHO (siglas en inglés de Objeto Astrofísico Masivo de Halo Compacto). En el caso de las estrellas muy débiles, estas tienden a brillar en el rango infrarrojo, ya que todavía están calientes, por lo que podemos estimar cuántas de ellas hay en una galaxia. Las estrellas de neutrones se pueden detectar en longitudes de onda diferentes a la de la luz visible, como ondas de radio y rayos X, lo que también nos permite estimar su número. Y, por último, los agujeros negros de masa estelar actúan como «microlentes» en nuestra propia Vía Láctea, provocando que una estrella aparezca algo más brillante cuando la vemos pasar por delante de uno desde nuestra perspectiva: al considerar cuántos de estos eventos observamos por año y la probabilidad de que uno de ellos se alinee con nuestra posición en la Tierra, también podemos estimar cuántos de estos objetos invisibles hay. Sin embargo, al sumar todo lo anterior y considerando la masa total, sigue sin haber suficiente materia para explicar la cantidad que nos indica el efecto de lente gravitacional.

Algunos físicos piensan que todas estas observaciones podrían explicarse si Einstein se hubiera equivocado con su teoría de la gravedad. Existe un campo de investigación llamado MOND (siglas en inglés de Dinámica Newtoniana Modificada) que afirma que era Newton, y no Einstein, quien tenía razón desde el principio,[9] y que, en lugar de necesitar un concepto como la materia oscura, solo tenemos que ajustar un poco las matemáticas newtonianas para explicar lo que ocurre a velocidades mayores y con masas más grandes. El problema es que, cuando intentamos explicar determinadas observaciones y resolver el problema de la materia que falta en diversos cúmulos de galaxias, estas teorías fracasan. El mayor problema de MOND en la actualidad es que predice que la velocidad a la que se deberían

---

[9] La ley de la gravitación de Newton describe con precisión los objetos cotidianos que se mueven a bajas velocidades aquí en la Tierra, pero, en su forma original, no nos permite predecir de manera precisa la órbita de Mercurio ni el movimiento de la materia que gira alrededor de los agujeros negros. Las ecuaciones de Einstein de la relatividad general, en cambio, funcionan tanto en el régimen cotidiano como en el régimen de objetos extremadamente rápidos y masivos del universo.

propagar las ondas gravitacionales es diferente a la velocidad de la luz; algo que se refutó en 2017 con la detección simultánea de este tipo de perturbaciones del espacio-tiempo y un estallido de radiación proveniente de la fusión de dos estrellas de neutrones en un agujero negro. Hasta el momento, ninguna de las teorías MOND ha logrado explicar con la misma elegancia todo lo que la teoría de la relatividad general de Einstein sí explica, por lo que debemos aceptar que la materia oscura existe de alguna forma en el universo.

La naturaleza de la materia oscura sigue siendo un enigma también para los físicos de partículas. Lo que ellos buscan son WIMP (siglas en inglés de Partículas Masivas de Interacción Débil), en contraste con los MACHO que los astrofísicos han estudiado. Aunque los físicos de partículas denominan a estas como «masivas», nadie más las entendería de esa manera, ya que tendrían aproximadamente cien veces la masa de un protón (un protón pesa alrededor de una milcuatrillonésima de kilo).

La física de partículas cuenta con una teoría realmente bella para explicar el mundo que nos rodea. Se llama modelo estándar y describe los componentes fundamentales de la materia, esto es, las partículas que gobiernan las cuatro fuerzas fundamentales (gravedad, electromagnetismo, interacción fuerte e interacción débil), además de explicar por qué las cosas tienen masa. Y esto se condensa en una sola ecuación que describe todo lo que vemos a nuestro alrededor, en el universo. Sin embargo, este modelo tiene algunos problemas, y uno de ellos es que no incluye la materia oscura. Es por eso que en la actualidad algunos físicos de partículas están intentando ampliar su hermosa teoría hacia algo menos armonioso para poder incluirla, si bien primero necesitan descubrir de qué está hecha la materia oscura y tratar de detectar, al menos, parte de ella.

Buscar algo tan diminuto, incapaz de interactuar con la luz o incluso con otro tipo de materia, es un gran desafío. Un método consiste en intentar detectar cuándo una partícula de materia oscura colisiona con una partícula de materia ordinaria. Si algo así sucediera, deberíamos ser capaces de identificar alguna variación en el momento o la energía de la otra partícula, como cuando la bola blanca golpea una bola de color en el billar. Ese tipo de colisiones forman parte de la vida cotidiana, en fluidos como el agua o el aire tienen lugar constantemente. En el caso de la materia oscura, lo que hacen los físicos es superenfriar un fluido hasta una fracción por encima del cero absoluto, de manera que las partículas se encuentren en un estado de muy baja energía y apenas se muevan. Lo hacen, además, a kilómetros bajo tierra para proteger el sistema de cualquier otro tipo de radiación, como los rayos cósmicos, que podrían causar también un aumento de la energía. Una vez que se tiene el fluido superenfriado y superprotegido a gran profundidad, hay que esperar a ver si se detecta un pequeño salto de energía causado por una colisión improbable pero no imposible con una partícula de materia oscura.

Este tipo de experimentos se han estado llevando a cabo desde 1996 y todavía estamos esperando algún resultado.

5. Hasta dónde llegaremos

La mayor distancia a la que un ser humano ha llegado, contando desde la superficie de la Tierra, es de 400 171 kilómetros. Este récord se produjo el 15 de abril de 1970 durante la fallida misión Apolo 13, cuando una explosión en un tanque de oxígeno dejó la nave inutilizable, lo que imposibilitó un aterrizaje seguro en la Luna. En el momento de la explosión, los astronautas Jim Lovell, Fred Haise y Jack Swigert habían superado cincuenta y cinco de las sesenta horas de su viaje hacia nuestro satélite, por lo que se encontraban demasiado lejos de la Tierra como para aplicar los protocolos de aborto de misión de la NASA y traerlos de regreso de forma segura. Así que, en lugar de la trayectoria prevista, la tripulación realizó un recorrido alrededor del lado oculto de la Luna para obtener un impulso de energía gravitatoria que les ayudara a volver. Fue durante este recorrido —en ese momento, además, la Luna se encontraba en la posición más alejada de su órbita respecto a nuestro planeta—, estando a una altitud de 254 kilómetros sobre la superficie de nuestro satélite (más de cien kilómetros por encima de las trayectorias de vuelo de otras misiones Apolo), cuando se estableció el récord que hemos mencionado.

Los tres astronautas consiguieron regresar sanos y salvos a la Tierra seis días después del lanzamiento gracias al ingenio de la tripulación y del personal de tierra de la NASA. En este contexto, resulta difícil decir si esta misión debe considerarse un fracaso o un éxito, ya que, si bien no se logró el objetivo original de alunizar, tampoco se perdió ninguna vida, y además se estableció un nuevo récord de distancia alcanzada por un ser humano en el espacio. Casi cincuenta años más tarde, hemos conseguido muchos otros récords, como el mayor tiempo en el espacio, el mayor número de paseos espaciales, el paseo espacial más largo, incluso el récord de paseos espaciales sin anclaje... Sin embargo, hay que tener en cuenta que todos estos logros se han alcanzado en órbita alrededor de nuestro propio planeta, ya sea en la ahora retirada estación espacial rusa Mir, o en la actual Estación Espacial Internacional. Desde 1972, ningún ser humano ha viajado a más de 408 kilómetros de la superficie de la Tierra (apenas algo más que la distancia entre Los Ángeles y Las Vegas), y uno de los motivos es, sin duda, el coste. Ya que es más económico, más fácil y factible enviar un aterrizador o una sonda robótica a investigar el «patio trasero» de nuestro sistema solar.

La especie humana siente una fascinación especial por Marte. Después de que la sonda Mariner de la NASA sobrevolara Venus en 1963 y descubriera que su atmósfera es una mezcla de ácido y dióxido de carbono, y su temperatura superficial superior a los 400 °C, nuestra atención se centró en el Planeta Rojo por ser el más parecido al nuestro. Sin contar la Luna, hemos enviado tantas sondas a Marte como a todos los demás cuerpos del sistema solar juntos. Con aproximadamente la mitad del tamaño de la Tierra, un año el doble de largo y un día similar al nuestro (unas veinticuatro horas y media),[10] es fácil entender

---

[10] Hay algunos investigadores, ingenieros y astronautas en formación que viven con el «horario de Marte» para realizar expe-

por qué sentimos tanta curiosidad. Todos queremos saber si Marte alberga, o podría albergar algún día, vida.

No obstante, hay una diferencia clave entre la Tierra y Marte que podría dificultar considerablemente los esfuerzos por hacer habitable para los humanos nuestro planeta vecino: la ausencia de campo magnético. En un principio, se podría pensar que esto solo afectaría a la navegación, ya que las brújulas no funcionarían sin un polo norte hacia el que apuntar, pero las consecuencias son mucho más graves que eso.

El campo magnético terrestre nos protege de las partículas energéticas dañinas que proceden del Sol. Si bien el Sol emite la luz visible y ultravioleta que nos permite vivir en la Tierra, también emite otros tipos de radiación más nociva que abarcan todo el espectro electromagnético,

---

rimentos aquí en la Tierra. En concreto, el experimento de larga duración HI-SEAS en Mauna Kea, Hawái, EE. UU., intenta simular cómo sería una base espacial humana en Marte. Aunque los investigadores pierden enseguida la sincronicidad con el horario terrestre, a menudo comentan que vivir con un día de 24,5 horas es ideal, ya que proporciona media hora extra para ocuparse de las pequeñas cosas cotidianas.

desde rayos X hasta ondas de radio. La capa de ozono en la parte superior de nuestra atmósfera absorbe gran parte de esa radiación peligrosa, como los rayos X y ultravioletas, y evita así que llegue a la superficie, aunque no puede bloquear otro tipo de partículas cargadas de alta energía que el Sol expulsa ocasionalmente cuando la presión de todas esas reacciones de fusión nuclear que tienen lugar en su interior se vuelve excesiva. Aquí es donde interviene el campo magnético de la Tierra, ya que bloquea la mayor parte de las partículas que conforman este «viento» solar y desvía las restantes hacia los polos. Allí chocan con el nitrógeno y el oxígeno de nuestra atmósfera, que les proporcionan suficiente energía para brillar. A estos espectaculares fenómenos luminosos los llamamos auroras, y pueden ser boreales o australes («luces del norte» y «luces del sur», respectivamente). La Tierra no es el único planeta del sistema solar que disfruta de estos increíbles espectáculos de luz; las auroras de Júpiter y Saturno son en particular espectaculares. En cambio, Marte no tiene auroras tan intensas porque no posee un campo magnético.

Esto significa que el Planeta Rojo no cuenta con ninguna protección frente a ese bombardeo de partículas de alta energía procedentes del Sol que acabamos de mencionar. Así que, a lo largo de los últimos cinco mil millones de años, desde la formación de Marte y de nuestro sistema solar, su atmósfera ha estado librando una batalla perdida contra la presión ejercida por ellas. Como resultado, el planeta se ha visto despojado de todos los elementos químicos de su atmósfera, salvo los más pesados, los únicos que ha podido retener. Hablamos de que está compuesta en más de un 98 % por dióxido de carbono y es 170 veces más delgada que la de la Tierra. Y, además, sin una capa de ozono que proteja la superficie de la radiación dañina, esta puede alcanzar fácilmente la superficie, algo que complicaría aún más la vida de aquellos intrépidos aventureros que, tal vez, decidan algún día establecerse allí.

En la actualidad, tenemos en Marte un róver en funcionamiento, Curiosity, y un módulo de aterrizaje estacionario, InSight.[11] Junto con sus

---

[11] En 2025, habría que añadir misiones como el róver Perseverance de la NASA o la sonda Hope, de Emiratos Árabes Unidos.

predecesores, ambos han explorado e investigado más superficie de Marte de lo que cualquier otra sonda lo haya hecho nunca en la Luna.[12] Los esfuerzos combinados de estos vehículos nos han permitido determinar que, probablemente, alguna vez fluyó agua por la superficie marciana, antes de quedar atrapada en los casquetes polares o quizás evaporarse y perderse en el espacio. En 2018, se perdió el contacto con uno de esos vehículos de exploración, el Opportunity, que llevaba catorce años operativo, tiempo en el que estableció otro récord de exploración espacial: 42 195 kilómetros recorridos sobre la superficie marciana por un único vehículo.

La razón por la que se perdió la comunicación con el Opportunity es muy reveladora, y puede ayudar mucho a la hora de diseñar futuras

---

También la ESA cuenta con misiones allí, una es la Mars Express. Asimismo otros países, como China e India, han enviado sus sondas y vehículos (no operativos en la actualidad). Se espera que, en los próximos años, vayan algunas más. [N. de la T.].

[12] Los vehículos lunares conducidos por los astronautas de las misiones Apolo 15, 16 y 17 recorrieron entre 27 y 36 kilómetros cada uno, superando así la distancia total recorrida en la Luna respecto a la que cubrieron los vehículos robóticos marcianos.

bases humanas en Marte, y es que funcionaba con energía solar. Es decir, podía sobrevivir un par de días sin recibir luz del Sol siempre que no se desplazara demasiado, y podía aguantar un par de meses sin carga entrando en modo hibernación. Esta circunstancia llega a producirse, por ejemplo, en caso de que haya una tormenta de polvo demasiado intensa, un tipo de tormentas que se generan de manera muy similar a las terrestres: el Sol calienta el aire más cercano al suelo, ese aire caliente asciende y, al hacerlo, arrastra partículas de la superficie hasta formar nubes de polvo sobre el terreno (en el caso de la Tierra, es el agua la que se evapora desde la superficie para formar nubes altas en la atmósfera). En ocasiones, cuando las condiciones son favorables y Marte está en un tramo de su órbita cercano al Sol, estas tormentas de polvo pueden crecer hasta envolver todo el planeta y bloquear casi toda la luz solar. En esos momentos, los róveres necesitan poder desconectar todos sus sistemas para ahorrar energía. Cada cierto tiempo, se espera que uno de los vehículos «despierte», revise el estado de su batería y, si tiene suficiente energía, envíe una señal a la Tierra. En el caso de Opportunity, entró en modo hibernación en junio de 2018 y, aunque la tormenta de polvo disminuyó en octubre de ese mismo año, en febrero de 2019 la NASA todavía no había recibido ninguna comunicación de él. Para entonces el polvo acumulado en los paneles solares debería haberse disipado, por lo que se presume que penetró de algún modo en la electrónica y la dañó, lo que finalmente puso fin a la misión.

Se espera que estas tormentas de polvo a escala planetaria ocurran, más o menos, cada tres años, por lo que no son algo que se pueda ignorar al planificar el establecimiento de una base en Marte. Es fácil imaginar que, ante un fenómeno de este tipo, la falta de energía durante meses sea un verdadero problema para una colonia. Porque no solo afectaría a las comunicaciones o a los momentos de ocio (para ver series, por ejemplo), sino también a sistemas vitales como la regulación del oxígeno y los sistemas de calefacción o refrigeración. Antes de pensar siquiera en establecer allí una base, sería necesario contar con un plan de contingencia infalible en caso de que se produjeran tormentas de polvo, que podrían implicar el aborto de la misión en el peor de los casos.

Posibles futuros destinos en nuestro vecindario del sistema solar incluyen misiones no tripuladas a algunas lunas de Júpiter, Saturno y Neptuno, sobre todo porque podrían ser candidatas a albergar vida, ya que ocultan grandes océanos bajo sus cortezas heladas y muestran una intensa actividad volcánica. Pero llevar a alguien a explorar estos mundos potencialmente habitables supone un gran desafío en los viajes espaciales. El récord de vuelo espacial tripulado más rápido lo establecieron los astronautas del Apolo 10 al recibir la asistencia gravitatoria de la Luna en su regreso a la Tierra en mayo de 1969. Alcanzaron los 39 897 kilómetros por hora; a esa velocidad, se podría ir de Londres a Auckland y volver en menos de una hora. No obstante, y aunque suena veloz, se han registrado velocidades mucho mayores desde entonces en algunas sondas no tripuladas. La más rápida ha sido Juno, de la NASA, que viajaba a 266 000 kilómetros por hora al entrar en órbita alrededor de Júpiter.[13] Para ponerlo

---

[13] La Parker Solar Probe superó esta marca en 2024, alcanzando una velocidad de 700 000 kilómetros por hora aproximadamente. [N. de la T.]

en perspectiva, la misión Apolo 10 tardó cuatro días en llegar a la Luna, Opportunity tardó ocho meses en llegar a Marte y Juno tardó cinco años en alcanzar Júpiter. Las distancias en nuestro sistema solar, con la tecnología espacial con la que contamos en la actualidad, hacen que planificar misiones de exploración tripuladas a largo plazo sea en extremo difícil.

Así que... ¿llegaremos a adentrarnos más allá de la frontera del sistema solar? Las sondas Voyager 1 y 2 de la NASA se lanzaron en 1977, y sus misiones se ampliaron para que sobrevolaran los gigantes gaseosos exteriores, Júpiter y Saturno. La Voyager 2 incluso sobrevoló Urano y Neptuno; y hasta la fecha es la única sonda que ha visitado estos dos planetas y la que tomó las imágenes más detalladas que tenemos de ellos. Su último sobrevuelo de Neptuno fue en octubre de 1989 y, desde entonces, ha seguido viajando, alejándose del Sol hacia los confines del sistema solar, comunicando en todo momento a la Tierra las propiedades del espacio que la rodea. En febrero de 2019, la Voyager 2 informó de un descenso masivo del número de partículas del viento solar que detectaba, a la par que un enorme aumento de partículas de rayos cósmicos procedentes del espacio exterior: había abandonado por fin nuestro vecindario cósmico, cuarenta y un años y cinco meses después de su lanzamiento desde la Tierra.

La Voyager 1 fue la primera en llegar más allá del sistema solar, en agosto de 2012, y ahora es el objeto artificial más alejado de nuestro planeta: se encuentra a unos 25 400 millones de kilómetros de distancia. La Voyager 2 está apenas un poco más cerca de nosotros, a algo más de 21 100 millones de kilómetros. Aunque en algún momento lleguemos a perder el contacto con ellas, seguirán alejándose del Sol sin que nada las frene o las detenga. Por esta razón, ambas llevan una grabación con sonidos de la Tierra, que incluye saludos en cincuenta y cinco idiomas distintos, estilos musicales de todo el mundo y sonidos de la naturaleza... Quién sabe si, en un futuro muy lejano, cuando el destino de la humanidad sea incierto, formas de vida inteligentes se topen con ellas.

La estrella más cercana al Sol es Alfa Centauri, y se halla a la impresionante distancia de 39 923 400 000 000 kilómetros. La luz tarda algo más de cuatro años en hacer ese recorrido a una velocidad de 299 792 kilómetros por segundo.

Esto significa que, a una velocidad más realista, como la de Voyager 1, tardaríamos unos 74 000 años en llegar hasta allí. En cualquier caso, la Voyager 1 no va en absoluto en esa dirección, sino hacia la constelación de Ofiuco, de modo que, dentro de unos 40 000 años, pasará a 16 000 millones de kilómetros de una estrella en la constelación de la Osa Menor, y su estrella más cercana dejará de ser el Sol, esto es, la que dio vida a todas las grabaciones que lleva consigo.

A menos que inventemos un método más eficiente y rápido de propulsar nuestras naves espaciales, no será tarea fácil conseguir que alguien se decida a abandonar a sus amigos y familiares para embarcarse en un viaje sin retorno hacia los confines del sistema solar y más lejos. Si alguna vez queremos explorar fuera de la seguridad que nos proporciona la influencia gravitatoria de nuestro Sol y embarcarnos en viajes interestelares, necesitaremos una tecnología más avanzada y exploradores extremadamente intrépidos. ¿Tú qué opinas?, si tuvieras la oportunidad de ir hoy, ¿lo harías?

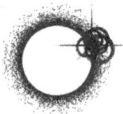

6. En busca de una Tierra 2.0

El universo emergió durante una maravillosa tormenta de creación hace unos 14 000 millones de años; 9 500 millones de años después, el Sol, la Tierra y el sistema solar empezaron a formarse. Unos 1 000 millones de años más tarde, la vida apareció en los océanos de la Tierra, allanando el camino para que los dinosaurios caminaran sobre su superficie (apenas 13 500 millones de años después del *big bang*). Si avanzamos rápidamente a lo largo de los siguientes 500 millones de años, con la evolución de plantas, mamíferos y aves, y el auge y caída de las civilizaciones griega, romana y maya, llegamos a 1995. Las Spice Girls estaban en la cima de su popularidad, *Toy Story* acababa de estrenarse en los cines y, por fin, se confirmó el descubrimiento del primer planeta que orbitaba alrededor de otra estrella en la Vía Láctea, al

que se le dio el poético nombre de 51 Pegasi b,
Su hallazgo es para mí uno de los mayores acontecimientos astronómicos que he presenciado en
la vida.[14] Confirmó que nuestro sistema solar no
era una rareza en el universo, que otras estrellas
también tenían planetas orbitando a su alrededor
y que tal vez, solo tal vez, esos planetas podrían
albergar vida.

Aquello dio inicio a la denominada «edad de
oro» de la investigación de exoplanetas, en la que
descubrir uno nuevo se ha convertido en algo tan
común como un martes por la tarde. Es una actividad en la que puede participar cualquier astrónomo aficionado que tenga un poco interés. Sin
embargo, la verdadera pregunta que surge en torno a los exoplanetas, incluso desde antes de aquel
primer descubrimiento confirmado en 1995,
siempre ha sido: ¿dónde se encuentra el más parecido a la Tierra? Queremos saber si existen otros
mundos como el nuestro, orbitando estrellas
como la nuestra y que posiblemente alojen vida

---

[14] He de admitir que, en aquel momento, el descubrimiento
se me pasó por alto porque estaba demasiado concentrada en el
nuevo álbum de las Spice Girls.

como la nuestra. En los últimos años, esta búsqueda ha pasado de mera curiosidad a convertirse casi en una necesidad, aunque —como se explicó en el capítulo anterior— es poco probable que viajar hasta otra Tierra sea una opción viable para nosotros, por mucho que algún día llegáramos a necesitarlo.

Pero dejando de lado cualquier amenaza inminente sobre nuestro propio planeta, ¿cómo se puede detectar un exoplaneta? Existen tres métodos principales: la obtención de imágenes directas, la medición de la velocidad radial y los tránsitos estelares. El primero consiste exactamente en lo que su nombre indica: tomar una imagen directa del planeta orbitando alrededor de su estrella. Aunque pueda sonar sencillo, hay que tener en cuenta que, si podemos ver estrellas que se encuentran a millones de kilómetros de distancia, es porque emiten una enorme cantidad de energía. Los planetas, en cambio, no brillan con luz propia, sino que reflejan la de su estrella del mismo modo que la Luna y los planetas de nuestro sistema solar reflejan la luz del Sol. Por supuesto, esto significa que, cuando intentamos obtener una imagen, la estrella destaca mucho más que el planeta, lo que hace que este último sea increíblemente difícil de detectar. Es como intentar ver a alguien sosteniendo un LED junto al resplandor de un foco de estadio.

El truco consiste en bloquear primero la luz de la estrella. Explicado de modo elemental, esto se hace colocando un disco circular o coronógrafo sobre el centro del detector del telescopio y tomando luego una imagen. Como hay mucho ruido en esas imágenes, se suele esperar unos días, o incluso semanas, antes de volver a tomar más. De esta manera, se puede comprobar si el conjunto brillante de píxeles que pensamos que era un planeta en la primera imagen sigue estando allí en la segunda y no era solo una mota de ruido. Incluso puede que en ese tiempo el planeta se haya desplazado un poco a lo largo de su órbita.

Como se puede imaginar, los planetas que orbitan más lejos de su estrella son más fáciles de detectar a través de una imagen directa, ya que es más sencillo separar la luz que reflejan del resplandor del astro. Hablamos de que se encuentran a una distancia de su estrella más de cien veces superior a la que hay entre la Tierra y el Sol. Para ponerlo en contexto, Plutón está apenas a cincuenta veces esa distancia. Por lo tanto, si solo utilizáramos este método para encontrar planetas, descubriríamos casi siempre los más masivos, que reflejan más luz y orbitan a grandes distancias. No es el mejor método para encontrar una Tierra 2.0.

El segundo método de detección posible es la medición de la velocidad radial, que se basa en el hecho de que el centro de masas de un sistema planeta-estrella no se encuentra exactamente en el centro de la estrella. Es fácil pensar en el Sol como el centro de la órbita de la Tierra, aunque en realidad no es así. Si imaginamos dos objetos del mismo tamaño y masa orbitando uno alrededor del otro, ambos lo harán en torno a un punto que se encuentre exactamente a medio camino entre ellos: el centro de masas. Si hacemos que uno de esos objetos se vuelva cada vez más masivo, ejercerá una mayor atracción gravitatoria que el otro, y el centro de masas se desplazará hacia él. En el sistema solar, el Sol es tan masivo que el centro de masas se ha desplazado hasta un punto de su interior, aunque no en el mismo centro. Así que, como el Sol también orbita alrededor del centro de masas del sistema solar, muestra una oscilación. De hecho, todas las estrellas con planetas la presentan. Así, en algunos puntos de la órbita de un planeta, su estrella se desplaza hacia nosotros, y en otros, se aleja. Este movimiento estira y comprime la luz de la estrella hacia colores más rojos o más azules (es lo mismo que midió Hubble para determinar que las galaxias se alejan de nosotros), y al detectarlo podemos calcular el cambio de velocidad de la estrella.

A través de algunos cálculos orbitales simples, podemos relacionar este cambio de velocidad con la masa y la distancia orbital del exoplaneta alrededor de la estrella. Dado que se trata de un movimiento periódico, veremos que este cambio de velocidad característico se repite, lo que nos permite estar seguros del todo de que es un planeta lo que hemos descubierto. Sin embargo, este método también presenta sus limitaciones. Cuanto mayor sea el planeta, mayor será el cambio de velocidad que provocará en su estrella. Además, la señal repetitiva es mucho más fácil de detectar en planetas que se encuentran más cerca de su estrella y, siguen, por tanto, órbitas más rápidas. Si buscáramos un planeta similar a la Tierra que tarda un año entero en completar su órbita, tendríamos que hacer observaciones durante más de dos años para ver ese patrón repetitivo en el cambio de velocidad. En comparación, un planeta que solo tarde un par de días o semanas en orbitar su estrella es mucho más fácil de detectar.

Este fue el método que se utilizó para hallar 51 Pegasi b en 1995: tiene un tamaño similar al de Júpiter y orbita alrededor de una estrella similar al Sol cada cuatro días. No es sorprendente que fuera así, ya que es la «perita en dulce» de los exoplanetas: la estrella no es demasiado masiva, el planeta no es demasiado pequeño ni su periodo orbital demasiado largo. Todo esto, unido a la sensibilidad de nuestros telescopios en aquel momento, hizo que las condiciones para detectarlo fueran ideales. Su presencia provoca un cambio de velocidad en su estrella de setenta metros por segundo. En comparación, Júpiter hace que el Sol oscile unos trece metros por segundo, mientras que la Tierra solo provoca una oscilación de nueve centímetros por segundo. Ese tipo de cambio es ínfimo comparado con el causado por 51 Pegasi b, y es una sensibilidad que nuestros detectores apenas están alcanzando ahora.

Con diferencia, el método que ha resultado más exitoso para localizar exoplanetas ha sido el de tránsito, debido a que cuando un planeta pasa frente a su estrella, provoca una disminución en el brillo de esta, y eso es algo que se percibe. Nuevamente, si esperamos el tiempo suficiente, podremos ver que esta disminución se repite siempre que el planeta pase por delante de su estrella en cada órbita. Así que, con este método, todo lo que tenemos que hacer es observar una zona del cielo y registrar continuamente el brillo de todas las estrellas que encontremos allí. Luego, basta con analizar todos los datos para encontrar aquellas cuyo brillo ha disminuido en algún momento. Esto es exactamente lo que hizo la sonda Kepler entre 2009 y 2018. El equipo científico incluso contó con ayuda ciudadana para encontrar esas características disminuciones de brillo que los ordenadores podrían haber pasado por alto al analizar los datos. Gracias a ello, los científicos aficionados consiguieron descubrir un sistema de siete planetas alrededor de una de esas estrellas, una señal peculiar que el algoritmo no estaba diseñado para detectar. A lo largo de los años, el método de tránsito ha servido para encontrar más de 7500 exoplanetas (frente a los

456 localizados mediante mediciones de velocidad radial y apenas 19 con imágenes directas).

De nuevo, este método no está exento de limitaciones, lo que significa que esa muestra de 7500 exoplanetas nos ofrece una visión distorsionada de cómo son los que podríamos llegar a encontrar en nuestra Vía Láctea. Cuanto mayor es un planeta, mayor es la disminución de brillo que provoca en su estrella. De hecho, el primer planeta localizado de esta manera provocó una caída del 1,7 %. Uno similar a la Tierra alrededor de una estrella como el Sol provocaría una disminución de apenas el 0,008 %. Además, cuanto más cerca esté el planeta de la estrella, más disminuciones repetidas veremos y más seguros podemos estar de su descubrimiento. En consecuencia, con este método tendemos a encontrar planetas grandes y cercanos a sus estrellas.

Combinando todos estos métodos, resulta que tenemos un exceso de planetas calientes (es decir, cercanos a su estrella) similares a Neptuno y Júpiter, en lugar de planetas parecidos a la Tierra. Dicho esto, cada vez contamos con detectores más sensibles y las investigaciones van dando nuevos resultados a largo plazo. Esto significa que tenemos varios candidatos al título de «planeta más parecido a la Tierra», sin embargo, primero deberíamos definir qué significa eso exactamente. Podría ser el planeta más similar en tamaño al nuestro, o con una masa parecida, o con una órbita que dure cerca de un año, o uno que se encuentre a la misma distancia de su estrella que nosotros. Sin embargo, si lo que buscamos es un lugar que permita que la vida prospere, por desgracia la mayoría de exoplanetas que conocemos en la actualidad, y cuya masa y tamaño se parecen a los de la Tierra, suelen estar demasiado cerca de su estrella para que esto sea posible.

No obstante, no toda esperanza está perdida. Kepler-438b es increíblemente similar en tamaño a la Tierra, pero orbita mucho más cerca de su estrella, de modo que su año dura solo treinta y cinco días. Ahora bien, su estrella es mucho más fría y pequeña que el Sol, por lo que la temperatura media en su superficie es de unos 3 °C. Sería un comienzo, si alguna vez quisiéramos abandonar la Tierra. El problema es que Kepler-438b está a 640 años luz de distancia. Un año luz es la distancia que recorre la luz, viajando a unos 300 000 kilómetros por segundo, en un solo año.

Eso equivale a unos 3000 billones de kilómetros. Así que incluso a esa velocidad tardaríamos más de medio siglo en llegar al exoplaneta, y como sabemos, la tecnología actual está lejos de tal posibilidad. Incluso si tuviéramos la capacidad de viajar hasta allí, ni siquiera nuestros bisnietos estarían vivos para ver la llegada de la nave. Y quién sabe qué podríamos encontrar al llegar: quizá toda una variedad de especies que ya llaman hogar a Kepler-438b.

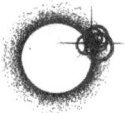

7. Por qué el cielo nocturno es negro

Físicos y filósofos a lo largo de milenios, desde los antiguos griegos hasta los astrónomos del siglo XX, se han planteado la pregunta de por qué el cielo nocturno es oscuro. Un alemán llamado Heinrich Olbers, médico de día y astrónomo de noche, popularizó este asunto en el siglo XIX. Aunque muchos otros habían descrito antes esta cuestión, el científico alemán formuló una explicación que hoy lleva su nombre: la paradoja de Olbers, conocida a veces como «la paradoja del cielo oscuro».

Se podría pensar que existe una respuesta sencilla a esta pregunta: seguramente el cielo nocturno sea oscuro porque en ese momento el Sol se ha puesto. Sin embargo, cuando la Tierra gira sobre su eje y nos hace dar la espalda a esa gran y vital esfera de luz que está siempre presente en nuestro cielo diurno, apunta hacia un incontable número de estrellas que, aunque estén más lejos, serían suficientes para hacer que la nuestra pareciera bastante insignificante en comparación. La respuesta a la paradoja de Olbers tiene, por lo tanto, mayor profundidad y ofrece una comprensión de una amplitud superior sobre la propia naturaleza del universo en el que vivimos.

Pensemos en lo que generaciones anteriores consideraban verdadero sobre el universo. En el cielo se encontraban el Sol, la Luna, los planetas y las estrellas, que siempre volvían a salir después de ponerse. Estos eran fenómenos conocidos y eran una constante. Basándose en estas observaciones, nuestros antepasados sacaron las siguientes conclusiones sobre el universo:

(i) Que era igual en todas las direcciones porque se observan estrellas se mire en la dirección que se mire (el universo es homogéneo).

(ii) Que no cambiaba, esto es, permanecía siempre igual, porque no se apreciaba ningún cambio con el paso de los años (el universo era estático).

(iii) Que el universo era infinito, porque a medida que los telescopios evolucionaron con los siglos, se encontró un número creciente de estrellas cada vez más débiles en las distintas partes del cielo.

Si todo esto fuera cierto, entonces en todas las líneas de visión, hacia cualquier lugar al que miráramos en el espacio, deberíamos toparnos con una estrella. Imaginemos que tomamos una pequeña porción de cielo, quizá del tamaño de la uña del pulgar, que, sostenida a la distancia del brazo es aproximadamente del tamaño de la luna llena. Puedes comprobarlo la próxima vez que mires el cielo nocturno, verás que tu dedo basta para bloquear la Luna. Ahora bien, ambos sabemos que en realidad nuestro satélite es mucho más grande que eso. De hecho, si asumimos que la uña del pulgar es más o menos circular y de unos 1,5 centímetros de diámetro, podríamos colocar 50 000 billones de uñas sobre la superficie lunar. La razón por la que con solo una uña podemos bloquear toda la Luna a la distancia de un brazo desde la Tierra se debe a la perspectiva. Si imagináramos que nuestro brazo pudiera crecer hasta el doble de su longitud, entonces, al doble de la distancia, harían falta cuatro uñas del pulgar para bloquear la luna llena entera. Al cuádruple de la distancia, harían falta dieciséis… y así sucesivamente.

Si con estirar el brazo no era suficiente, ahora imaginemos que la uña del pulgar también brilla. Por tanto, cuanto más cerca esté, más brillante parecerá y cuanto más lejos esté, más tenue se verá. Esto es algo que todos experimentamos al cruzar las calles de noche: sabemos a qué distancia está un coche por lo brillantes que se ven sus faros. Los astrónomos saben desde hace mucho tiempo cuánto se atenúan las cosas con la distancia y, al igual que con la perspectiva, esto depende del cuadrado de la distancia. Así que, si nos alejamos el doble, las cosas se ven cuatro veces más tenues, porque $2^2 = 2 \times 2 = 4$. Tres veces más lejos, las cosas se ven nueve veces más tenues. Diez veces más lejos, cien veces más tenues.

Por tanto, si volvemos a la uña luminosa en un brazo extensible: con el doble de la longitud del brazo, necesitaremos cuatro uñas luminosas para bloquear la Luna, pero estas serán cuatro veces más tenues, de modo que ambos efectos se compensan, dando como resultado cuatro uñas tan brillantes como la situada a la longitud de solo un brazo. Ahora imaginemos llevar esto a cien veces la longitud de un brazo, donde necesitaríamos 10 000 uñas, que serían 10 000 veces más tenues y, aun así, igual de brillantes que una sola uña a una longitud de brazo... hasta el infinito.

La analogía de las uñas luminosas puede ser algo sencilla, pero me gusta bastante. Si en lugar de una uña luminosa tenemos una estrella, y en lugar de la distancia de un brazo tenemos un año luz, se cumplen las mismas propiedades, no importa si estamos hablando de objetos astronómicos y distancias mucho mayores. Si en un área del cielo a un año luz de distancia hay una estrella, habría cuatro en la misma área al doble de la distancia, pero cuatro veces más tenues.

Ahora imaginemos que esto sucede por todo el cielo; uno homogéneo, igual en todas las direcciones e infinito. En cada año luz, independientemente de la dirección en que miremos, tendríamos la misma luminosidad que la que emite una sola estrella a un año luz de distancia. Así que, con un número infinito de años luz, el cielo nocturno sería cegadoramente brillante. Entonces, ¿por qué el cielo es oscuro? Edgar Allan Poe tocó este tema en uno de sus muchos ensayos:

Si la sucesión de estrellas fuera infinita, el fondo del cielo nos presentaría una luminosidad uniforme, como la desplegada por la Galaxia, *pues no podría haber en todo ese fondo ningún punto en el cual no existiera una estrella*. En tal estado de cosas, la única manera de comprender los *vacíos* que nuestros telescopios encuentran en innumerables direcciones sería suponiendo tan inmensa la distancia entre el fondo invisible y nosotros, que ningún rayo de este hubiera podido alcanzarnos todavía.[15]

Poe se centró en una sola de las razones que explicaban que el cielo fuera oscuro: que el universo no tiene una antigüedad infinita, sino que desde su creación ha transcurrido cierta cantidad de años, es decir, tiene una edad. Añadiendo esa suposición a las tres anteriores —y teniendo en cuenta que, viajando a su límite de velocidad establecido, la luz necesita algo de tiempo para llegar hasta nosotros— se deduce que solo podemos ver

[15] E. A. Poe, 1848. *Eureka: A Prose Poem*. Nueva York: Geo. P. Putnam. [Poe, E. A., *Eureka*. Trad. Julio Cortázar, Madrid: Alianza Editorial, 1972.]

la luz de las estrellas que ha tenido tiempo suficiente para alcanzarnos desde la creación. Ahora sabemos que el universo se creó en el *big bang* hace 13 800 millones de años, por lo que, dado que la luz tarda en llegar, existe un «universo observable», y más allá de ese límite no podemos ver nada.

Pero hay algo más que sabemos a partir de la teoría del *big bang*, y es que el universo no es infinito, sino que tiene un tamaño finito. Así que, no solo es que la luz tarde en llegarnos, sino que tampoco existen infinitos años luz a lo largo de una misma línea de visión. Esto significa que no habrá tampoco el inmenso número de estrellas que serían necesarias para que el cielo nocturno fuera brillante.

Al mismo tiempo, debemos recordar que el universo está siempre en expansión, porque el propio espacio se está expandiendo. Esta expansión estira las ondas de luz que lo atraviesan. Esto significa que, cuanto mayor sea la distancia que tiene que recorrer la luz para llegar hasta nosotros, más desplazada hacia el rojo aparecerá, al igual que las estrellas que se alejan de nosotros y las galaxias observadas antes por Hubble. No obstante, el espacio se ha expandido tanto ya, que la luz visible de los objetos más distantes del universo se ha desplazado hacia longitudes de onda cada vez mayores —del rojo al infrarrojo, e incluso, hasta las microondas—, y nuestros limitados ojos humanos no pueden percibirla. Por ello, la verdadera luminosidad del cielo nocturno permanece, en realidad, completamente oculta para nosotros.

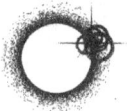

8. Es probable que los extraterrestres existan

Cuando los demás se enteran de que soy astrofísica, siempre quieren hacerme preguntas sobre extraterrestres. Desean saber, sobre todo, si existen formas de vida inteligentes similares a la humana en algún otro lugar de la inmensidad del cosmos. Diría que esto es más una cuestión para los filósofos, y que estudiar los efectos de los agujeros negros en las galaxias no me otorga automáticamente autoridad para opinar sobre una de las mayores incógnitas jamás planteadas por la humanidad.

No obstante, cuando me preguntan, les respondo que somos tan solo un planeta orbitando alrededor de una estrella en una galaxia con más de cien mil millones de estrellas. Por lo tanto, parecería razonable suponer que una de cada cien mil millones de estrellas pudiera albergar vida, aunque esto no es necesariamente cierto. Nuestro Sol es una estrella bastante corriente: ni demasiado caliente ni demasiado fría; ni demasiado energética ni con demasiada variabilidad en la cantidad de energía que produce. En términos estelares, es bastante pequeña y, además, muy longeva. No sucede lo mismo en otros casos que cuanto mayor es una estrella, más rápido consume su combustible; mientras las más pequeñas lo hacen con mayor lentitud. De ello se deduce que, para que se desarrolle vida inteligente similar a la humana en un planeta que orbite alrededor de otra estrella, se necesita una que viva tanto como el Sol.

Por tanto, antes de que podamos determinar si las condiciones de las que disfrutamos en la Tierra existen en otros lugares del universo, necesitamos establecer cuántos años tiene el Sol y cuánto tiempo tardó en desarrollarse la vida inteligente aquí. Para eso, hemos de conocer la energía total del Sol. Las estrellas se abastecen de energía convirtiendo cuatro átomos de hidrógeno (cada uno con un protón) en átomos de helio (con dos protones y dos neutrones) en un proceso llamado fusión nuclear. Dado que un átomo de helio es 7/1000 veces más ligero que cuatro átomos de hidrógeno, ¿adónde va esa masa que falta?

Puede que hayas oído hablar de la ecuación más famosa de Einstein: $E = mc^2$. La E representa la energía, la m significa masa en reposo y la c es la molesta velocidad de la luz. Lo que explica esta expresión de forma tan elegante es uno de los principios más fundamentales de la física: que masa y energía son esencialmente lo mismo. Así, la diferencia de masa entre los cuatro átomos de hidrógeno y el átomo de helio no se «pierde» en absoluto: se convierte en energía. Esa por la que nosotros en la Tierra estamos tan agradecidos, ya que proporciona el calor que ha permitido que la vida prospere, que los alimentos crezcan y que podamos disfrutar de muchas vacaciones en la playa.

Si medimos el tamaño del Sol —conociendo la densidad del hidrógeno—, podemos calcular tanto su masa como su energía. En primer lugar, hay que tener en cuenta que no todo el Sol acabará convertido en helio, porque solo alrededor del 10 % de su interior está lo suficientemente caliente como para forzar a los átomos de hidrógeno a fusionarse. Por lo tanto, necesitamos calcular qué proporción de esa masa central puede convertirse en energía y compararla con el brillo del Sol, es decir, cuánta energía emite por segundo. A partir de ahí, podemos determinar en apenas unos segundos, cuánto durará el combustible que tiene disponible. Combinando todas estas mediciones, se deduce que nuestra estrella vivirá unos diez mil millones de años.

A continuación, utilizando la datación por radiocarbono de asteroides que han caído a la Tierra —restos del sistema solar primitivo—, podemos calcular cuánto tiempo lleva el Sol consumiendo hidrógeno desde que se formó. Los ejemplares más antiguos tienen unos cinco mil millones de años, por lo que podemos suponer que el Sol se encuentra más o menos en el ecuador de su vida. Se cree que los planetas tardaron unos cien millones de años en formarse y luego se necesitaron otros quinientos millones más para que surgiera la vida (al menos vida elemental, como las bacterias) en la proto-Tierra. Sin embargo, para desarrollar una vida lo suficientemente inteligente como para que haya podido abandonar su propio planeta y plantearse la cuestión de si alguna vez podría encontrar vida extraterrestre, hemos necesitado esos cinco mil millones de años completos.

Los cálculos anteriores descartan a todas las estrellas con una masa superior a aproximadamente el doble de la del Sol, ya que se quedarían sin combustible demasiado rápido para que a la vida le diera tiempo a desarrollarse. Y si tuviéramos una estrella más pequeña y fría, el planeta que orbitara a su alrededor tendría que estar más cerca de esta para alcanzar la temperatura necesaria. Esto también supone un problema, porque cuando un planeta está demasiado cerca de una estrella, existe el riesgo de que su atmósfera se evapore o incluso de que su órbita se quede acoplada por las fuerzas de marea. Tomemos Venus como ejemplo: su día dura el doble que su año. Así que, durante todo un año, un lado del planeta se achicharra bajo el intenso calor del Sol, mientras que el otro se congela en una noche interminable.

En consecuencia, quizás no sea una de cada cien mil millones de estrellas la que pueda albergar vida, sino más bien que solo una de cada billón tenga el tamaño adecuado para arder el tiempo suficiente y, además, cuente con al menos un planeta en la ubicación precisa. Por otra parte, también debemos tener en cuenta la posición del Sol en la Vía Láctea: el sistema solar se encuentra en el borde, en uno de los brazos espirales; ni demasiado cerca del espacio intergaláctico ni demasiado próximo al denso centro donde hay un agujero negro supermasivo que genera gran cantidad de radiación de alta energía. Una mala ubicación, y la radiación acabaría con cualquier forma de vida en los planetas situados alrededor de estrellas que no se encuentren en esta «zona de habitabilidad» galáctica.

Por otro lado, para que la vida inteligente pueda sobrevivir, el planeta debe disponer de los bloques moleculares necesarios para que surjan, como cadenas orgánicas, agua y aminoácidos. Todos ellos contienen elementos como carbono, oxígeno y nitrógeno, que se formaron en los grandes hornos del universo: aquellas estrellas más masivas que el Sol que ardieron de forma intensa y rápida, y que, finalmente, explotaron en un proceso llamado supernova. La fusión descontrolada durante la etapa de supernova convierte tres átomos de helio en carbono, cuatro átomos de helio en oxígeno, y así sucesivamente hasta llegar al hierro, y todos estos elementos acaban expulsados al espacio. Es por ello que una estrella destinada a albergar un planeta con vida debe formarse en una zona del universo donde haya remanentes de una estrella muerta, de modo que los elementos necesarios para la vida estén presentes. Quizá eso nos lleve a una de cada mil billones de estrellas.

Una vez se han formado una estrella y un planeta a partir de esos elementos orgánicos, este último debe orbitar en una zona alrededor de la estrella donde no haga ni demasiado calor ni demasiado frío; y no solo eso: debe permanecer allí. Puede parecer obvio, pero cuando simulamos la formación de sistemas planetarios, los planetas tienden a desplazarse y a migrar hacia el interior, acercándose demasiado a su estrella. Esto explica perfectamente cómo se han formado todos esos exoplanetas calientes tipo Júpiter que hemos detectado. De hecho, considerando que estos gigantes parecen bastante abundantes en el resto de la Vía Láctea, resulta curioso que Júpiter esté justo donde está en nuestro propio sistema solar y no más cerca del Sol que nosotros. Solo gracias a su interacción con Saturno se ha evitado que migrara hacia el interior y alterara las órbitas de todos los demás planetas a su paso. Si eso hubiera ocurrido, la órbita de la Tierra podría haberse visto afectada, bien sacándonos de la preciada zona de habitabilidad, o bien lanzándonos fuera del sistema solar. Si somos conservadores con las probabilidades de que tal cosa no suceda, ¿nos llevaría eso a… una de cada trillón de estrellas?

Un número tan grande (un uno seguido de dieciocho ceros) sugiere que la probabilidad de que exista otro planeta capaz de albergar vida en nuestra propia galaxia, de «solo» cien mil millones de estrellas, es muy baja. Pero la Vía Láctea no es la única galaxia del universo. Cuando miramos al cielo, podemos observar islotes de miles de millones de estrellas por todas partes, con formas y tamaños muy diversos: espirales, irregulares, caóticas e incluso con forma de pingüino. Es casi imposible contar físicamente el número de galaxias en el universo porque, primero, son muchísimas, y, segundo, ¿cómo podemos estar seguros de haberlas encontrado todas?

No obstante, para establecer algún tipo de límite inferior, podemos usar una imagen que tomó hace alrededor de una década el célebre telescopio espacial Hubble. Los astrónomos decidieron usarlo para ver qué podían encontrar en el parche más oscuro del cielo que conocemos, que se sitúa en la constelación del Horno, en el hemisferio sur. Para ello, tomaron una imagen de un área de 2 × 2 minutos de arco del cielo. Un minuto de arco es una unidad curiosa: equivale a una sexagésima parte de un grado, y un segundo de arco es una sexagésima parte de un minuto de arco. Dado que el cielo completo abarca 360°, se trata de una región muy pequeña: la imagen representa un 5 % del tamaño de la luna llena. Los astrónomos no sabían realmente qué iban a encontrar en este diminuto parche oscuro, pero el recuento más reciente del número de estrellas halladas en la imagen es de cuatro; el de galaxias, de unas cinco mil... de todo tipo. Hemos detectado desde hermosas galaxias espirales cercanas hasta galaxias lejanas que aparecen como apenas un píxel.

Si tomamos esa cifra y la extrapolamos al resto del cielo, podemos estimar que hay al menos cien mil millones de galaxias en el universo. Recordemos que esta imagen se tomó de la región más oscura del cielo, por lo que en otras regiones deberíamos ver aún más (sin contar todas aquellas que son demasiado tenues para detectarlas), así que es más que probable que haya un par de ceros más al final de ese número. Hagamos nuestra estimación en un billón redondo de galaxias. No solo eso, supongamos que cada una de esas galaxias contiene unos cien mil millones de estrellas. Por lo tanto, podemos estimar que hay, al menos, 100 000 trillones de estrellas. Es decir, 100 000 000 000 000 000 000 000 000, en todo el universo. Si en una de cada trillón de estrellas pudiera desarrollarse la vida, y hay al menos 100 000 trillones en el universo, entonces quizá haya cien mil planetas en la inmensidad del cosmos en los que podrían darse las condiciones adecuadas para que se desarrollara vida inteligente.

La gente a menudo me pregunta cómo, siendo astrofísica y conociendo y pensando en términos de este tipo de números todo el tiempo, no me siento abrumada. ¿Cómo puedo contemplar el cielo sin quedarme completamente paralizada por la ansiedad ante la inmensidad de todo y nuestra propia insignificancia? En primer lugar, en el día a día —ya sea sentada en un escritorio analizando datos, en una oficina, en casa o en el tren— no hay tiempo para detenerse a pensar en ello. Pero, en mi caso, cuando contemplo la majestuosidad del cielo nocturno, con la Vía Láctea extendiéndose sobre mi cabeza en un enorme arco de estrellas, no tengo ansiedad: me siento ilimitada. Como si hubiera infinitas posibilidades ahí fuera y yo pudiera formar parte de cualquiera de ellas. La escala no me asusta, me entusiasma, me siento la protagonista de una buena novela de aventuras que, al comienzo de la historia, anhela ver el mundo y salir de su pequeña aldea. Cuando miro al cielo y pienso en la enorme cantidad de estrellas que hay, no puedo evitar emocionarme al llegar a la conclusión de que no podemos ser el único planeta al que le hayan repartido una buena mano de cartas en el juego de la vida.

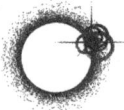

9. «El huevo o la gallina» original

¿Qué fue primero: el huevo o la gallina? La teoría de la evolución de Darwin nos permitió zanjar esa cuestión: primero fue el huevo, puesto por dos aves que aún no eran gallinas. Pero la astronomía plantea una cuestión mucho más fascinante: ¿qué fue primero, la galaxia o el agujero negro?

Como ya he mencionado, creemos que hay un agujero negro supermasivo en el centro de cada galaxia que ocupa el puesto de mando gravitatorio. Pero ¿se formó ese agujero negro supermasivo primero y luego se organizaron las estrellas a su alrededor, atraídas por ese sumidero gravitatorio? ¿O se formó primero la galaxia y una de las estrellas que había en ella explotó en supernova y dio lugar a un pequeño agujero negro que fue creciendo y creciendo hasta hundirse en el centro por haberse convertido en el objeto más masivo del entorno?

Podría parecer una pregunta imposible de responder, ya que todo eso habría tenido lugar en un universo muy primitivo, tras el *big bang*. Para intentar averiguarlo podemos observar las galaxias que se formaron en el universo temprano y las huellas que este dejó. Justo después de aquella gran explosión, el universo —y el propio espacio— era mucho más pequeño, así que toda la materia estaba concentrada en un volumen muchísimo menor. Era, por lo tanto, mucho más denso y energético, y las colisiones entre partículas se producían en espacios muy reducidos. Esto significa que esa gran sopa de partículas estaba también muy caliente. Tan caliente, de hecho, que los protones no empezaron a existir hasta un segundo después del *big bang*. Aunque parezca poco tiempo, en ese intervalo ocurrieron muchas cosas.

Antes de que se formaran los protones a partir de partículas aún más pequeñas, los quarks, el universo se infló rápidamente, de modo que en tan solo una milmillonésima de septillonésima de segundo se expandió hasta alcanzar una cienmilésima de septillonésima parte de su tamaño actual. A este fenómeno lo llamamos inflación. Es la mayor tasa de expansión que nuestro universo ha experimentado jamás, y deberíamos estar enormemente agradecidos de que sucediera así, ya que este evento hizo posible que se formaran las primeras estrellas y galaxias. Antes de la inflación, pequeñas cantidades de partículas de materia ordinaria y materia oscura se agrupaban bajo la acción de la gravedad, lo que provocaba que hubiera regiones con una concentración ligeramente mayor de partículas y otras con menos. Durante el periodo de inflación, esas zonas de densidad ligeramente superior o inferior quedaron como «impresas» a lo largo de todo el universo. Es una de las principales razones por las que este parece similar en todas las direcciones en las que miramos.

Cuando el universo se enfrió lo suficiente como para que se formaran los protones y los neutrones, y el espacio se hubo expandido lo bastante como para que aparecieran los átomos de hidrógeno y helio, al capturar electrones en sus órbitas, habían pasado unos 380 000 años desde el *big bang*. Debido a la inflación, se produjo una mayor cantidad de elementos como hidrógeno y helio en las zonas más densas, y menos en las zonas menos densas. Esto permitió que esas nuevas y enormes nubes de gas de hidrógeno comenzaran a enfriarse y colapsar bajo la acción de la gravedad para formar las primeras estrellas, un proceso que se estima llevó hasta ciento cincuenta millones de años. Estas regiones de mayor densidad provocaron, en consecuencia, que se formaran más estrellas en zonas concretas del espacio, que se agruparon por la acción de la gravedad y dieron lugar a la formación de las primeras galaxias.

Pero entonces, ¿cómo llega un agujero negro supermasivo al centro de estas galaxias recién formadas? Una opción sería esperar a que una estrella gigante se convierta en supernova. Tal vez una que pese cien veces más que el Sol, que cuando se queda sin combustible explota, expulsa materia al espacio y el núcleo restante colapsa bajo su propia gravedad hasta convertirse en un posible agujero negro de unas diez veces la masa del Sol. Ese agujero negro podría entonces atraer el material expulsado durante el proceso para crecer. También podrían haber sido dos estrellas más pequeñas las que explotaron como una supernova, aunque no eran lo bastante grandes como para que sus núcleos colapsaran en un agujero negro.

En esa situación, ambas acabarían formando sendas estrellas de neutrones, que es, según sabemos, la forma más densa que la materia puede adoptar: se trata de neutrones perfectamente ordenados en un cristal enormemente compacto. Si dos de estas estrellas de neutrones se fusionaran, obtendríamos un agujero negro. Sin embargo, una vez más: necesitamos que las estrellas se formen, vivan y mueran antes de llegar a ese territorio. Y, aun así, aquellos agujeros negros que se formaran serían apenas unas diez veces más masivos que el Sol.[16] A partir de ahí tendrían que crecer para alcanzar proporciones supermasivas, de al menos un millón de masas solares.

Se podría pensar que, si la materia está ahí, los agujeros negros deberían poder acumularla toda de una vez, pero eso no es físicamente posible. El

[16] Las propias estrellas tienen un límite en cuanto a la masa que pueden alcanzar, porque solo pueden quemar una cierta cantidad de combustible por segundo para contrarrestar la constante atracción gravitatoria hacia el interior. Cuanto más pesada es la estrella, más rápido tiene que quemar combustible para contrarrestar la mayor gravedad. Esto significa que el posible agujero negro que se formaría a partir del núcleo restante de la estrella también tendrá una masa limitada cuando se forme por primera vez.

ritmo al que pueden hacerlo viene dado por algo que llamamos «límite de acreción de Eddington». Esto se debe a que, a medida que el material gira en espiral alrededor de un agujero negro, la presión a su alrededor aumenta, ya que se calienta debido a la fricción y comienza a brillar. La radiación emitida es de muy alta energía, por lo que, al impactar sobre el resto de la materia, el efecto es como un viento fuerte que la empuja lejos y que impide que se acumule demasiada. Significa que, a la máxima tasa posible de acreción, se necesitan unos ochocientos millones de años para que un agujero negro crezca hasta alcanzar ochocientos millones de veces la masa del Sol. Esta es la masa del agujero negro supermasivo en crecimiento más distante que hemos observado, y la luz que detectamos de él se emitió ochocientos millones de años después del *big bang*.

Aunque un agujero negro supermasivo pueda formarse de esta manera, esperando que explote una estrella en supernova y luego creciendo a la tasa máxima durante todo el tiempo posible, hicieron falta ciento cincuenta millones de años desde el *big bang* para que nuestro universo recién formado se enfriara lo suficiente y pudieran formarse estrellas. Y, además, para que una de ellas explote como supernova, primero debe desarrollarse y luego quedarse sin combustible, lo que lleva alrededor de otros diez millones de años. Esto significa que necesitaríamos que nuestro agujero negro supermasivo se formara en seiscientos cuarenta millones de años, no en ochocientos. Además, esa estimación supone que el agujero negro estaría acumulando materia a máxima velocidad todo el tiempo, lo cual es muy poco probable. A medida que los agujeros negros acumulan más material, este se calienta más y la presión que lo empuja lejos del agujero negro aumenta. En tal situación, se perjudican a sí mismos. Lo habitual es que haya una acreción esporádica, en la que hay un periodo de máxima acreción seguido de un periodo de calma en el que el gas de alrededor se enfría lo suficiente para reiniciar de nuevo la acreción.

Otra alternativa es que un agujero negro podría crecer y fusionarse con otros. Recordemos que hemos detectado ondas gravitacionales provenientes de este tipo de fusiones en nuestra propia Vía Láctea, por lo que sabemos que esto es perfectamente posible. Asumiendo que un agujero negro siempre se une con otro de la misma masa, se pueden calcular cuántas fusiones serían necesarias duplicando su masa con cada una de ellas. En este caso, el número de fusiones necesarias para alcanzar niveles supermasivos sería demasiado alto, y el tiempo disponible, demasiado corto. Si realmente se juntaran tantos agujeros negros a tanta velocidad, acabaríamos con un enorme enjambre de agujeros negros orbitando entre sí a velocidades enormes, lo que alteraría la órbita de cada uno de ellos, expulsando algunos del sistema de manera que la fusión completa no se produciría. Las fuerzas gravitatorias en este proceso también perturbarían el material que el agujero negro podría acumular, descartando la posibilidad de que la acreción y la fusión se combinaran para producir un agujero negro supermasivo. Este es un problema que aún desconcierta a los astrofísicos: ¿cómo crecen este tipo de objetos hasta hacerse tan inmensos, y de manera tan rápida, en el universo temprano?

Se ha propuesto otra teoría, aunque aún no convence a todo el mundo. Plantea que se podría haber producido el colapso directo de agujeros negros diez mil veces más masivos que el Sol a partir de las grandes nubes de gas de hidrógeno que existían en el universo temprano. Imaginemos que hubiera habido dos de ellas, una al lado de la otra, y que una hubiera logrado enfriarse, colapsar bajo la acción de la gravedad y comenzar a formar estrellas antes que la otra. La energía y la radiación emitidas por esas estrellas calentarían el gas de la otra nube y evitarían que se enfriara para iniciar su propio proceso de formación estelar. Por otro lado, al encontrarnos en una de las regiones más densas del universo, el gas y la materia oscura de otros lugares se atraerían, haciendo la región aún más densa. Mientras tanto, a medida que creciera, seguiría sin estar lo bastante fría como para que las partículas del gas permanecieran en un solo lugar el tiempo suficiente para colapsar y formar una estrella. Por último, la cantidad de materia, tanto ordinaria como oscura, en la nube sería demasiado grande y todo el conjunto colapsaría bajo la gravedad para formar un agujero negro. Este sería entonces el objeto más masivo en esa región del universo, alrededor de él se formarían estrellas y, siguiendo esas órbitas, se crearía finalmente una galaxia. En este escenario, aparece primero el agujero negro y se encuentra en el centro de la galaxia desde el principio, en lugar de que la galaxia se forme primero y un posible agujero negro se hunda en el centro después. De manera similar a nuestra respuesta para el dilema del huevo y la gallina, esto significa que el agujero negro se formó primero, creado por dos objetos que aún no eran galaxias.

Cuando los físicos teóricos realizan simulaciones por ordenador del universo primigenio, encuentran que, si incluyen este proceso de formación de agujeros negros por colapso directo, obtienen una buena concordancia entre sus modelos y nuestras observaciones de las galaxias más distantes, con sus agujeros negros supermasivos en crecimiento. Sin embargo, aunque esta teoría convenza a los teóricos, yo soy una observadora, así que quiero saber si tenemos la posibilidad de detectar de manera experimental cómo ocurre este colapso. Por suerte, algunos científicos creen haber encontrado un candidato bastante prometedor. Es un objeto descubierto con el telescopio espacial Hubble que recibió el nombre de Cosmos Redshift 7 (CR7) y se encuentra a 215 000 millones de años luz de nosotros. Es decir, la luz de este objeto se emitió cuando el universo tenía tan solo ochocientos millones de años. Si se descompone su luz mediante un prisma para obtener el espectro que muestra las firmas de los elementos que lo componen, encontramos que hay mucha emisión de alta energía perteneciente al hidrógeno, pero apenas alguna de las características que asociamos con la presencia de estrellas. La emisión del hidrógeno también aparece más desplazada hacia el rojo que el resto, lo que sugiere que CR7 está orbitando alrededor de algo masivo. Todos estos datos denotan que allí podría haber un agujero negro supermasivo en crecimiento, pero alrededor del cual aún no se han formado estrellas.

Encontrar más de estos objetos en el universo será clave, y no es tarea fácil. El problema es que, a medida que se alejan, las características que usamos para rastrear la actividad de los agujeros negros supermasivos y la formación de estrellas se desplazan tanto hacia el rojo que ya no podemos verlas con luz visible. En otras palabras, el telescopio espacial Hubble solo puede detectar objetos hasta cierta longitud de onda. Es una buena noticia que la NASA y la Agencia Espacial Europea (ESA) tengan un plan para lanzar otra misión en 2021: el Telescopio Espacial James Webb,[17]

---

[17] El James Webb Space Telescope (JWST) se lanzó el 25 de diciembre de 2021 hacia el punto L2 de Langrange, al que llegó

que observará el cielo en luz infrarroja. Esto nos permitirá detectar objetos más distantes, cuyo espectro se ha desplazado del rango visible hacia el infrarrojo. Las expectativas y la importancia del James Webb ya son lo bastante altas, sin contar con la emoción adicional de, por fin, resolver el equivalente astrofísico de la eterna pregunta: ¿qué fue primero, el huevo o la gallina?

---

aproximadamente un mes después, y lleva en funcionamiento desde entonces. Sus primeras imágenes se liberaron el 11 de julio de 2022. [N. de la T.]

10. No sabemos más de lo que sabemos

Hay una forma popular de reflexionar sobre lo que sabemos y lo que no sabemos. Primero, están los datos «conocidos conocidos»: cosas que sabemos que sabemos, como que la Tierra es una esfera, que hay planetas alrededor de otras estrellas o que el universo se está expandiendo. Luego está aquello que sabemos que no sabemos: los «conocidos desconocidos»; por ejemplo, no sabemos de qué está hecha la materia oscura, qué forma adopta la materia en los agujeros negros o si es posible que estos se formen por colapso directo. Después están los «desconocidos desconocidos»: lo que no sabemos que no sabemos. Un ejercicio de retrospectiva nos da algunos ejemplos de esto: el descubrimiento de la radiactividad tras los experimentos de Marie Curie con el uranio o de la electricidad por parte de Benjamin Franklin. Por fortuna, podemos vivir en la ignorancia respecto a aquello que en la actualidad no sabemos que desconocemos, mientras esperamos con ilusión los futuros descubrimientos que, una vez más, cambiarán el panorama humano en la Tierra.

Mi favorita, con diferencia, es la cuarta categoría: los «desconocidos conocidos». Se refiere a todo aquello que no sabemos que sabemos; es algo que me parece fascinante. ¿Cuáles son esas cosas para las que ya tenemos el conocimiento o las herramientas necesarios que nos ayudarían a entenderlas, pero que aún no comprendemos? Por ejemplo, antes de que supiéramos que las galaxias eran islas de estrellas independientes fuera de nuestra propia Vía Láctea, un meticuloso caballero llamado Charles Messier clasificó en 1771 todos los objetos difusos del cielo que no eran estrellas. El quincuagésimo octavo objeto de esa lista tan detallada era, en realidad, una galaxia que se encontraba a sesenta y ocho millones de años luz. Era el objeto más distante del universo observado en aquel momento, pero él simplemente no lo sabía.

Otro ejemplo fascinante del grupo de los «desconocidos conocidos» es Steve. Steve es una lección de humildad para todos en el mundo moderno, donde la totalidad del conocimiento humano está a solo un clic de distancia. Durante 2015 y 2016, un grupo de astrónomos aficionados y de apasionados astrofotógrafos llamado Alberta Aurora Chasers había estado capturando imágenes de una variedad interesante de auroras boreales en el cielo que no habían visto antes. Consistían en una franja larga, de color blanquecino-violáceo, que se extendía de este a oeste por el cielo. Estaba claro que no se trataba de auroras normales de cintas brillantes verdes y rosas; cintas que se producen por los electrones de alta energía provenientes del viento solar que el campo magnético de la Tierra desvía hacia los polos, donde intercambian energía con los elementos de la atmósfera y los hacen brillar. Los Alberta Aurora Chasers decidieron que su descubrimiento debía ser un tipo diferente de aurora, causada por protones en lugar de electrones al impactar la Tierra. Así que se refirieron a estas franjas en el cielo como «arcos de protones».

Más tarde, le mostraron algunas de estas imágenes a un astrónomo profesional en una conferencia sobre auroras. Este experto era Eric Donovan, quien había pasado veinte años estudiando estos fenómenos y nunca había visto nada parecido a las franjas que se veían en las imágenes que el grupo había captado. Nada más verlas dijo que no podían ser arcos de protones, porque las auroras causadas por estas partículas no emiten luz visible, es decir, no podemos verlas con nuestros ojos. Tras esta información, los Alberta Aurora Chasers bautizaron a estas extrañas franjas como «Steve», inspirándose en la película infantil animada *Vecinos invasores*, cuyos personajes llaman Steve a todo aquello que les asusta o que no entienden.

A medida que los expertos investigaron más a fondo los fenómenos Steve, descubrieron que no se trataba de algo raro en absoluto y que, de hecho, pueden observarse más al sur que las auroras boreales típicas. El problema era que quienes estudiaban esto lo hacían utilizando solo dos cámaras de cielo completo situadas en Canadá y nunca habían tenido la oportunidad de estudiar un Steve con datos captados por satélites. Aún no comprendemos del todo qué son ni qué los hace aparecer en el cielo, pero la investigación continúa con la esperanza de que los científicos aficionados de todo el mundo ayuden informando cuándo vean un Steve.[18]

Me encanta esta historia, en primer lugar, porque muestra cómo cualquier persona en el mundo puede contribuir a un descubrimiento científico, pero también porque nos enseña que nunca debemos asumir que ya sabemos todo lo que hay que saber. Los científicos aficionados de Alberta Aurora Chasers, tras observar un Steve en el cielo, asumieron que era un fenómeno conocido; quizá tú, lector, hayas visto uno y hayas pensado lo mismo. Es una trampa en la que todos podemos caer: asumir que en el siglo XXI ya se sabe todo y, presumiblemente, que está documentado en algún lugar de internet. Siempre hay espacio para aprender, y el aprendizaje, sin lugar a dudas, no se detiene fuera del aula.

Otra historia clásica sobre los «desconocidos conocidos» —y otro ejemplo de un descubrimiento científico originado por aficionados en lugar de «expertos»— es la de los «Hanny's Voorwerp». En 2007, astrónomos de varias

---

[18] Puedes consultar el proyecto de informes de auroras de la NASA en: aurorasaurus.org.

instituciones lanzaron un sitio web llamado Galaxy Zoo, que invitaba a la ciudadanía a ayudar a clasificar las formas de más de un millón de imágenes de galaxias. Fue un éxito total, en el que más de trescientas mil personas[19] de todo el mundo se involucraron para ayudar con esta ciencia de vanguardia. Estas imágenes habían estado almacenadas en un disco duro antes de que nadie empezara a trabajar con ellas, sobre todo porque no había suficientes expertos en el mundo para revisar tanta información, por lo que cualquier persona que ingresara al sitio tenía la oportunidad de ser el primero en ver la imagen de esa galaxia (este es el peligro del *big data*: es una palabra de moda en la mayoría de las áreas de la ciencia hoy en día, pero el resultado puede ser que se queden muchas agujas sin descubrir en un pajar).

Una de las voluntarias de Galaxy Zoo era una profesora neerlandesa llamada Hanny van Arkel.

---

[19] Galaxyzoo.org sigue activo y necesita personas que continúen clasificando. Como astrónomos, nunca dejamos de tomar imágenes del cielo, por lo que siempre necesitaremos ayuda para revisarlas.

Mientras clasificaba las formas de las galaxias, Van Arkel se topó con una que tenía una mancha azul difusa debajo. La curiosidad la llevó a preguntar qué podía ser aquello en el foro del sitio web. Los expertos del equipo de Galaxy Zoo quedaron desconcertados, nunca habían visto algo así antes. Dudaban de si se trataba de un objeto real o de algo que había salido mal al capturar la imagen. Si era real, no sabían si estaba en primer plano, en nuestra propia Vía Láctea, a la misma distancia que la galaxia de la foto o en el fondo, detrás de la galaxia de la imagen.

El primer paso fue confirmar que era real, como así se demostró, y luego estimar la distancia a la que se encontraba usando el corrimiento al rojo de los espectros, tanto de la galaxia como de la mancha azul. Los corrimientos al rojo de los dos objetos eran iguales, por lo que el equipo supo entonces que tanto la galaxia como la mancha estaban a la misma distancia entre sí. Una imagen posterior tomada con el telescopio espacial Hubble reveló que se trataba de una nube de gas con una estructura compleja, muy rica en oxígeno, de ahí el resplandor azul en la imagen original. Una nube compleja de gas brillante es algo bastante extraño de encontrar fuera de una galaxia, en el espacio exterior, sobre todo una que brilla debido al oxígeno, ya que se necesita mucha energía para que este elemento emita luz.

Por fin, el equipo científico dedujo que la galaxia de la imagen tenía una compañera, mucho más pequeña, que orbitaba a su alrededor. Esa galaxia compañera había pasado cerca de la galaxia mayor y había interaccionado gravitatoriamente con ella. Las fuerzas involucradas en esa interacción habían arrancado gas de la galaxia compañera formando una larga cola de marea. La galaxia mayor también se vio afectada por esas fuerzas gravitatorias, que alteraron su centro, y el material del que estaba compuesta comenzó a caer hacia el agujero negro supermasivo. Este era demasiado voraz y tuvo que expulsar parte del material de la galaxia mayor mediante enormes chorros que viajaban a casi la velocidad de la luz. Estos chorros impactaron sobre el gas arrancado de la galaxia más pequeña y provocaron que el oxígeno que había en él brillara. Para ese momento, sin embargo, el agujero negro supermasivo que estaba en el centro de la primera galaxia ya no estaba creciendo de manera activa, por lo que no podíamos ver que estaba allí. A esto se le llama «eco de ionización de cuásar»; eco porque muestra que el agujero negro supermasivo estuvo activo en el pasado, pero ya no.

Lo maravilloso es que, tan pronto como los voluntarios de Galaxy Zoo supieron que debían buscar manchas azules difusas en las imágenes, encontraron unas cuarenta más entre el millón de fotografías que integraban el conjunto original. Eso significaba que los expertos tenían una muestra completa que podían estudiar. Nada de esto se habría descubierto si no fuera por la curiosidad de una persona: Hanny. Después de que ella publicara el objeto en el foro preguntando qué era, otros usuarios empezaron a referirse a él como «Hanny's Voorwerp». Así que estos ecos de ionización de cuásar ahora se conocen como *voorwerpjes* en los artículos de revistas científicas, una palabra fantástica por sí misma, que encaja bien en el léxico astronómico de cuásares y quarks. La traducción literal de *voorwerp*, sin embargo, es 'cosa'. Y eso, quizá sea lo que más me gusta de esta historia.

Algo que Hanny no sabía cuando planteó por primera vez la pregunta sobre el extraño *voorwerp* que había visto es el resultado al que conduciría esa pregunta. Es lo que se conoce como «investigación de cielos azules», esto es, que no está impulsada por la necesidad de algo, como una cura para una enfermedad o una solución a un problema, sino por la experimentación y el mero placer de hacerlo.

A menudo es así como justificamos la investigación en astrofísica cuando nos enfrentamos a las protestas colectivas del contribuyente: «¿Qué nos han dado los astrónomos? ¿Cómo beneficia a la humanidad plantear preguntas sobre nuestro lugar en el universo?». En mi opinión, saciar la curiosidad es tan buena respuesta como cualquier otra, pero, aparte de eso, a menudo surgen otros avances imprevistos en el conocimiento colectivo o en la tecnología que resultan de un valor incalculable. Las técnicas de imagen y las cámaras que se desarrollaron para que pudiéramos observar objetos cada vez más lejanos y más débiles en el universo ahora se aplican en escáneres de imagen médica para diagnosticar una gran variedad de enfermedades. Los detectores digitales inventados para reemplazar las placas fotográficas, que ahora emplean los dispositivos móviles que todos llevamos en nuestros bolsillos, se desarrollaron al principio para que los astrónomos tuvieran herramientas más precisas de medir el brillo de un objeto. Esos mismos dispositivos de bolsillo también se benefician de los métodos utilizados para potenciar y mejorar las señales wifi, desarrollados por radioastrónomos que necesitaban mejorar sus capacidades de transferencia de datos. Todos ellos son avances tecnológicos de los que a la mayoría de nosotros les resultaría difícil prescindir.

Así que, aunque los temas tratados a lo largo de este libro puedan haber parecido de otro mundo y más allá de lo cotidiano, el esfuerzo por encontrar respuestas a las preguntas que se han planteado ha enriquecido nuestra vida diaria de incontables maneras. Sería un error asumir que ahora todo se sabe y que deberíamos detenernos en nuestra búsqueda de comprender el espacio. Todavía hay muchas más cosas que ignoramos que las que sabemos. Y esto significa que contamos con el privilegio y la oportunidad de adquirir más conocimiento y comprensión sobre este universo al que llamamos hogar.

Cuando somos niños, tenemos un sentido innato de la curiosidad que, de alguna manera, parece evaporarse al convertirnos en adultos. Quizá si todos nos tomáramos un tiempo alejados del frenético ritmo de la vida del siglo XXI, para simplemente contemplar el cielo nocturno y reflexionar sobre todo lo que aún nos resulta desconocido, podríamos volver a alimentar esa curiosidad natural y juvenil que todos llevamos dentro. Porque la verdadera fuerza que impulsa toda la ciencia es la curiosidad. Sin ella, nunca seremos capaces de comprender la grandeza, la complejidad y el misterio del universo en toda su gloria.

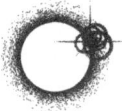

Agradecimientos

Hace dos años me habrías oído decir, con total seguridad, que nunca, en mil millones de años, escribiría un libro, porque ¿cómo era posible que alguien como yo tuviera la suficiente paciencia para sentarse y escribir un libro entero?

En parte, mi barrera mental era que mi profesor de inglés de la escuela secundaria me solía decir que no era buena escritora o, dicho de otra forma, que escribo tal como hablo. Pero resulta que escribir tal como hablas puede ser algo bueno para un libro de divulgación científica. Lo que entonces no sabía es que hay editores que ayudan a que tu escritura suene brillante. Así que, a Emily, Anne y Jennifer de Orion: gracias por convertir mi vómito de palabras científicas en algo elegante y conciso. Y por lidiar con mi enamoramiento del término «solo»,[20] una palabra que antes salpicaba este manuscrito por todas partes.

He recopilado toda la información de este libro gracias a haber recibido durante muchos años la educación de algunas personas realmente maravillosas. En primer lugar, gracias a mi director de tesis, Chris, y a la *posdoc* vecina y amigable Brooke (¡ahora brillante profesora!), que me enseñaron que la ciencia trata de hacer las preguntas correctas y que las observaciones nunca se queden enterradas en los escritorios. A mi supervisor de máster, Russell, que me enseñó que cometer errores es la forma en que aprendemos. A todos mis profesores del colegio, de modo especial a la señora Kyle, la señora McCann y el señor West, que me enseñaron los fundamentos de las matemáticas y la física. Y ya que estoy aquí, gracias a mi maestra de infantil, la señora Dean, por aceptar en su clase a una niña inquisitiva (y, seamos sinceros, molesta) y por fomentar mi curiosidad en lugar de sofocarla. Debéis saber que todo lo que hago, lo hago apoyándome sobre vuestros hombros.

---

[20] *Just*, en el original. Es una muletilla frecuente en inglés. [N. de la T.].

Gracias a mamá, a papá y a mi hermana por enseñarme a ser diferente, a mirar antes de saltar y a atreverme a soñar.

Y, por último, a Sam, por enseñarme a reír, siempre.